技工院校一体化课程教学改革电梯工程技术专业教材

电梯专项保养

人力资源社会保障部教材办公室组织编写

中国劳动社会保障出版社

内容简介

本书主要包括导靴的维护保养、缓冲器的维护保养、钢丝绳绳头组合制作、限速器和安全钳的维护保养、制动器的维护保养、门系统的维护保养六个学习任务。

图书在版编目（CIP）数据

电梯专项保养 / 人力资源社会保障部教材办公室组织编写 . -- 北京：中国劳动社会保障出版社，2020

技工院校一体化课程教学改革电梯工程技术专业教材

ISBN 978-7-5167-4516-8

Ⅰ.①电… Ⅱ.①人… Ⅲ.①电梯－保养－技工学校－教材 Ⅳ.①TU857

中国版本图书馆 CIP 数据核字（2020）第 111224 号

中国劳动社会保障出版社出版发行

（北京市惠新东街 1 号 邮政编码：100029）

*

北京谊兴印刷有限公司印刷装订 新华书店经销

787 毫米 × 1092 毫米 16 开本 16.5 印张 289 千字
2020 年 7 月第 1 版 2022 年 12 月第 2 次印刷
定价：33.00 元

营销中心电话：400-606-6496

出版社网址：http://www.class.com.cn

http://jg.class.com.cn

技工院校一体化课程教学改革教材编委会名单

编审委员会

主　任：汤　涛

副主任：张立新　王晓君　张　斌　冯　政　刘　康　袁　芳

委　员：王　飞　杨　奕　何绪军　张　伟　杜庚星　葛恒双
　　　　蔡　兵　刘素华　李荣生

编审人员

主　编：王治平

副主编：甄志鹏　曾国通

参　编：刘剑锋　李　胥　黄彩妮　梁瑞儿　梁永波

主　审：鲁储生

习近平总书记指示："职业教育是国民教育体系和人力资源开发的重要组成部分，是广大青年打开通往成功成才大门的重要途径，肩负着培养多样化人才、传承技术技能、促进就业创业的重要职责，必须高度重视、加快发展。"技工教育是职业教育的重要组成部分，是系统培养技能人才的重要途径。多年来，技工院校始终紧紧围绕国家经济发展和劳动者就业，以满足经济发展和企业对技术工人的需求为办学宗旨，既注重包括专业技能在内的综合职业能力的培养，也强调精益求精的工匠精神的培育，为国家培养了大批生产一线技能劳动者和后备高技能人才。

随着加快转变经济发展方式、推进经济结构调整以及大力发展高端制造业等新兴战略性产业，迫切需要加快培养一批具有高超技艺的技能人才。为了进一步发挥技工院校在技能人才培养中的基础作用，切实提高培养质量，从 2009 年开始，我部借鉴国内外职业教育先进经验，在全国 200 余所技工院校先后启动了三批共计 32 个专业（课程）的一体化课程教学改革试点工作，推进以职业活动为导向，以校企合作为基础，以综合职业能力培养为核心，理论教学与技能操作融合贯通的一体化课程教学改革。这项改革试点将传统的以学历为基础的职业教育转变为以职业技能为基础的职业能力教育，促进了职业教育从知识教育向能力培养转变，努力实现"教、学、做"融为一体，收到了积极成效。改革试点得到了学校师生的充分认可，普遍反映一体化课程教学改革是技工院校一次"教学革命"，学生的学习热情、综合素质和教学组织形式、教学手段都发生了根本性变化。试点的成果表明，一体化课程教学改革是转变技能人才培养模式的重要抓手，是推动技工院校改革发展的重要举措，也是人力资源社会保障部门加强技工教育和职业培训工作的一个重点项目。

　　教学改革的成果最终要以教材为载体进行体现和传播。根据我部推进一体化课程教学改革的要求，一体化课程教学改革专家、几百位试点院校的骨干教师以及中国人力资源和社会保障出版集团的编辑团队，组织实施了一体化课程教学改革试点，并将试点中形成的课程成果进行了整理、提炼，汇编成教材。第一批试点专业教材2012年正式出版后，得到了院校的认可，我们于2019年启动了第一批试点专业教材的修订工作，将于2020年出版。同时，第二批、第三批试点专业教材经过试用、修改完善，也将陆续正式出版。希望全国技工院校将一体化课程教学改革作为创新人才培养模式、提高人才培养质量的重要抓手，进一步推动教学改革，促进内涵发展，提升办学质量，为加快培养合格的技能人才做出新的更大贡献！

技工院校一体化课程教学改革

教材编委会

2020年5月

目　　录

学习任务一　导靴的维护保养

 **学习目标**

1. 能通过阅读导靴季度维护保养作业检查表，明确导靴季度维护保养项目。

2. 能通过阅读《电梯维护保养手册》，明确导靴季度维护保养方法、工艺要求。

3. 能确定导靴季度维护保养作业流程。

4. 能选用和检查导靴季度维护保养工具、仪器和物料，完成导靴季度维护保养前有关事项确认。

5. 能正确穿戴安全防护用品，执行导靴季度维护保养作业安全操作规程。

6. 能通过小组合作方式，按照导靴季度维护保养作业计划表，完成导靴的季度维护保养工作。

7. 能按规范检查和评估导靴季度维护保养质量，并正确填写导靴季度维护保养作业检查表。

8. 能按 6S 管理规范，整理并清洁场地，归还物品，将文件存档。

9. 能完成导靴季度维护保养工作总结与评价。

建议学时

16 学时

工作情景描述

电梯维护保养公司按合同要求需要对某小区一台三层三站的 TKJ800/0.63-JX 有机房电梯（曳引比为 1:1）的重要安全部件进行季度维护保养作业。电梯维护保养工从电梯维护保养组长处领取任务，要求在 2 h 内完成导靴季度维护保养作业，完成后交付验收。

工作流程与活动

学习活动 1 明确维护保养任务

学习目标

1. 能通过阅读电梯季度维护保养作业计划表和导靴季度维护保养作业检查表，明确导靴维护保养项目。

2. 熟悉导靴的分类、作用、结构和工作原理等基本知识，明确导靴季度维护保养项目的技术标准。

建议学时　1学时

学习过程

一、明确导靴维护保养项目

1. 阅读电梯季度维护保养作业计划表

电梯维护保养工从维护保养组长处领取电梯季度维护保养作业计划表，包括维护保养人、维护保养日期、地点、梯号和年检等信息，了解涉及导靴维护保养的项目信息。

电梯季度维护保养作业计划表

电梯管理编号	合同号	梯号		服务形式	用户名或地址			竣工日期		用户联系人	
01101080	T001				金鹰大厦某区某路105号					李强	
梯型	NPH	梯速（m/s）		0.63	载重（kg）	800	停站数	3	站序	北区一站	
工作项目		要求			年内次数	月份					保养者署名

工作项目		检查	清理	调整	年内次数	1	2	3	4	5	6	7	8	9	10	11	12	月 日	署名
季度检查	轿厢及对重的导靴或导轮	√	√	√	4														

（1）电梯导靴的维护保养项目有哪些？

（2）导靴维护保养项目的工作要求是什么？

（3）应什么时间实施导靴维护保养项目？

2. 阅读导靴季度维护保养作业检查表

电梯的维护保养项目分为半月、季度、半年、年度等四类，各类维护保养的项目和要求见《电梯维护保养规则》（TSG T5002—2017）。查阅《电梯维护保养规则》中对导靴季度维护保养项目的规定，获取导靴维护保养信息，明确导靴维护保养任务，填写下面的导靴季度维护保养作业检查表。

导靴季度维护保养作业检查表

*1. 导靴季度维护保养作业实施整个过程必须使用此检查表，记录下列全部项目。

*2. 此检查表需要经过审核、批准后，放在客户档案里保存（下次导靴季度维护保养作业完成后替换成最新版本）。

客户编号	客户名	客户电话	使用登记号	作业地址	作业实施日期
电梯型号	额定速度	额定载荷	层 / 站	导靴型号	档案号

续表

（1）作业前需确认事项

序号	确认事项	确认情况	注意事项
1	作业人员是否做好分工	□是 □否	
2	安全操作措施是否齐备	□是 □否	必须按安全操作规程规定完成
3	工具和物料是否齐全	□是 □否	必须按《电梯维护保养手册》中的工具和物料清单准备齐全
4	是否已与客户沟通协调	□是 □否	（1）与客户沟通了解电梯使用情况和使用要求 （2）与客户沟通协调作业时间、安全要求和备用梯情况

（2）维护保养前需确认事项

序号	确认事项	确认情况	注意事项
1	电梯检修运行时是否有摆动感	□是 □否	尤其是在启动和平层时
2	电梯正常运行时是否有摆动感	□是 □否	尤其是在启动和平层时
3	核对导靴型号、类型是否与维护保养单一致	□是 □否	必须严格遵守电梯维护保养工艺要求
4	轿厢水平度偏差是否符合要求	□是 □否	确认轿厢水平度偏差 <2/1 000 mm、垂直度偏差 <1/1 000 mm，否则应重新进行调整

（3）季度维护保养项目

序号	季度维护保养项目	技术标准	维护保养结果
1	导靴与导轨接触面润滑情况	导靴与导轨接触处润滑情况符合要求 无自动润滑装置定期涂钙基润滑脂；有自动润滑装置定期向润滑装置加注 HJ-40 机械油	□符合 □不符合
2	油盒内油质与油量	油质和油量符合要求	□符合 □不符合
3	油杯与油毡情况	油杯无泄漏，油毡齐全	□符合 □不符合

续表

序号	季度维护保养项目	技术标准	维护保养结果
4	靴衬的磨损情况以及导靴与导轨的配合情况	两侧工作面磨损量不超过1 mm，正面工作面磨损量不超过2 mm，磨损量过大时应及时更换	□符合　□不符合
5	导靴的紧固情况	导靴与轿厢架或对重架的紧固螺母牢固可靠，如松动应及时紧固	□符合　□不符合
6	导轨有无"啃道"现象	"啃道"现象判定方法如下：导轨侧面有狭小明亮的痕迹，严重时痕迹上还有毛刺；靴衬侧面呈喇叭口处有毛刺；运行过程中有摆动感。如发现有"啃道"现象需要及时检修，并做好记录	□有"啃道" □无"啃道"
7	6S 管理	清理现场，归还工具	□符合　□不符合

（4）作业后需确认事项

序号	确认事项	确认情况	注意事项
1	观察电梯运行过程中是否有异响	□是　□否	导靴在运行中应无声
2	检查导靴的磨损情况以及导靴与导轨的配合情况是否符合要求	□是　□否	站在轿顶来回晃动，变换重心，如果电梯摆动比较厉害，需调整导靴
3	检查导靴与导轨接触面润滑情况是否符合要求	□是　□否	观察电梯运行后的导靴工作面润滑情况
4	电梯复位操作部分	□完成 □未完成	

根据本次维护保养作业情况，需要申请更换或维修部件（不属于季度维护保养项目）：

维护保养员		维护保养组长	
使用单位	年　月　日		
存档	年　月　日		

3. 填写导靴维护保养信息表

在阅读电梯季度维护保养作业计划表和导靴季度维护保养作业检查表要点后，填写导靴维护保养信息表。

导靴维护保养信息表

（1）工作人员信息

维护保养人		维护保养日期	

（2）电梯基本信息

客户编号		电梯型号	
导靴型号		档案号	
用户单位		用户地址	
联系人		联系电话	

（3）工作内容

序号	维护保养项目	序号	维护保养项目
1	导靴与导轨接触面润滑情况	5	
2	盒内油质与油量	6	导靴的紧固情况
3		7	
4		8	6S 管理

二、认识导靴

通过查阅电梯构造等相关书籍以及查找网络资源等方式，获取导靴的分类、作用、结构等基本知识，为后期导靴季度维护保养作业提供理论依据。

1. 根据图片，在括号内填写对应导靴的名称。

（　　　）　　　　　　（　　　）　　　　　　（　　　）

2. 简述导靴的作用。

3. 在导靴结构图中写出导靴的各部件名称。

导靴结构图

1_____   2_____

4. 简述不同类型导靴的应用场合。

学习活动2　确定维护保养流程

学习目标

1. 明确导靴日常维护保养内容和调整方法。

2. 能通过查阅《电梯维护保养手册》，明确导靴季度维护保养工具、仪器和物料需求。

3. 能通过与电梯管理人员沟通，明确导靴季度维护保养时间、工作环境要求和安全措施。

4. 能结合被维护保养电梯实际情况，根据电梯相关国家标准和《电梯维护保养手册》，确定导靴季度维护保养作业流程。

建议学时　2学时

学习过程

一、认识导靴日常维护保养内容

根据导靴季度维护保养作业检查表的要点，查阅电梯构造书籍和《电梯维护保养手册》，查看被维护保养电梯的导靴，明确导靴日常维护保养内容。

1. 了解导靴的各项技术指标（如润滑情况、紧固情况等）以及安全工作状态是否符合要求。

2. 定期查看并紧固好导靴与轿厢架和_____的固定螺栓，防止_____。

3. 定期查看滑动导靴的油杯，其油位应在_____油杯高度之内，油质清洁，油毡_____，油杯不漏油。

4. 对于滑动导靴，无自动润滑装置定期涂_____，有自动润滑装置定期给润滑装置加_____。

5. 检查滑动导靴的靴衬磨损程度，其中两侧工作面磨损量不超过_____，正面工作面磨损量不超过_____，运行中检查导靴有无异响。

二、了解导靴的调整方法

导靴的参数调整方法

调整顺序	调整项目	操作简图	调整方法
1	滑动导靴与导轨接触面的润滑		＿＿＿＿＿＿＿＿＿ ＿＿＿＿＿＿＿＿＿ ＿＿＿＿＿＿＿＿＿ ＿＿＿＿＿＿＿＿＿
2	靴衬的磨损情况以及导靴与导轨的配合情况		（1）使用塞尺检查导靴与导轨之间的_____ （2）若导靴靴衬与导轨顶隙过大，则可将靴衬取下，在其顶面加_____调整。若是侧隙过大，当采用嵌片式靴衬时，可旋进侧靴衬螺钉，调整好侧隙；当采用整体式靴衬时，则可在靴衬侧背面加垫片调整。当间隙过大无法解决时，应更换_____
3	导靴的紧固情况		检查导靴与轿厢架或对重架的紧固螺母有无松动，有松动情况应及时紧固，但最好的办法是_____
4	有无"啃道"现象		（1）检查导轨是否有"啃道"现象 （2）正确分析造成"啃道"现象的原因，并做针对性处理

三、明确导靴季度维护保养工具、仪器和物料需求

查阅《电梯维护保养手册》，明确导靴季度维护保养对工具、仪器和物料的需求，并填写导靴季度维护保养工具、仪器和物料需求表。

导靴季度维护保养工具、仪器和物料需求表

序号	名称（是否选用）	数量	规格	序号	名称（是否选用）	数量	规格
1	安全帽 （□是　□否）	2个		13	靴衬 （□是　□否）	8个	
2	工作服 （□是　□否）	2套		14	螺栓/螺母 （□是　□否）	若干	
3	铁头安全防护鞋 （□是　□否）	2双		15	活扳手 （□是　□否）	1把	
4	安全带 （□是　□否）	2条		16	呆扳手 （□是　□否）	1套	
5	工具便携袋 （□是　□否）	2个		17	胶锤 （□是　□否）	1个	
6	维修标志 （严禁合闸） （□是　□否）	1块		18	单片塞尺 （□是　□否）	1个	
7	维修标志 （维护保养中） （□是　□否）	1块		19	钢尺 （□是　□否）	2个	150 mm/ 300 mm
8	洁净抹布 （□是　□否）	适量		20	注油壶 （□是　□否）	1个	300 mL
9	砂纸 （□是　□否）	若干		21	层门专用塞板 （□是　□否）	2套	
10	1号锉刀 （□是　□否）	1把	300 ~ 400 mm	22	厅门专用三角钥匙 （□是　□否）	1把	
11	导轨润滑油/脂 （□是　□否）	200 mL/ 适量	HJ-40 机械油/ 钙基润滑 脂	23	手电筒 （□是　□否）	1个	
12	水平尺	1个	400 mm				

四、与电梯使用管理人员沟通协调

查阅导靴季度维护保养作业检查表，就被维护保养电梯名称、工作时间、维护保养内容、实施人员、需要物业配合的内容等与电梯管理人员进行沟通，填写导靴季度维护保养沟通信息表，并告知物业管理人员导靴季度维护保养任务，保障导靴季度维护保养工作顺利开展。

导靴季度维护保养沟通信息表

1. 基本信息

用户单位		用户地址	
联系人		联系电话	
沟通方式	□电话　□面谈　□电子邮件　□传真　□其他		

2. 沟通内容

电梯管理编号		电梯代号	
维护保养日期	年　月　日　时　分至　　年　月　日　时　分		
电梯使用情况	（1）平层情况：□正常　□不正常 （2）启动情况：□正常　□不正常 （3）制动情况：□正常　□不正常 （4）开关门情况：□正常　□不正常		
维护保养内容	导靴季度维护保养　□已告知　□未告知		
物业管理单位配合内容	（1）在显眼位置粘贴"季度维护保养告示书"　□已告知　□未告知 （2）确认备用梯　　　　　　　　　　　　　□确认　　□未确认 （3）物业管理跟进人员　　　　　　　　　　□确认　　□未确认 （4）物业管理处的安全紧急预案　　　　　　□确认　　□未确认 （5）物业管理处对维护保养作业环境要求：		

五、明确导靴季度维护保养作业流程

通过查阅《电梯维护保养手册》、导靴季度维护保养作业检查表、《电梯维护保养规则》（TSG T5002—2017）"A2 季度维护保养项目（内容）和要求"、《电梯、自动扶梯和自动人行道维修规范》（GB/T 18775—2009）"附录 A　表 A.1 要求"和电梯生产厂家对导靴部件维护保养要求，小组配合完成导靴季度维护保养作业流程表的填写。

导靴季度维护保养作业流程表

1. 工作人员信息

维护保养人		维护保养日期	

2. 电梯基本信息

电梯管理编号		电梯型号	
用户单位		用户地址	
联系人		联系电话	

3. 近期导靴维护保养记录

序号	维护保养项目	维护保养要求	维护保养记录	维护保养效果
1	导靴与导轨接触面的润滑	导靴与导轨接触处润滑效果良好		□符合 □不符合
2	靴衬的磨损情况以及导靴与导轨的配合情况	导靴与导轨间的间隙应在国家标准规定的范围内		□符合 □不符合
3	导靴的紧固情况	导靴与轿厢架或对重架连接处的螺母应紧固		□符合 □不符合
4	导轨有无出现"啃道"现象	导轨表面应平滑，无"啃道"现象；导轨与上下导靴之间的间隙应一致		□符合 □不符合
5	已更换部件			

4. 导靴季度维护保养作业流程

作业顺序	作业项目	主要内容	主要安全措施
第一步	准备工作		
第二步	实施前有关事项确认		
第三步	导靴与导轨接触面的润滑		

续表

作业顺序	作业项目	主要内容	主要安全措施
第四步	检查靴衬的磨损情况以及导靴与导轨的配合情况		
第五步	检查导靴的紧固情况		
第六步	检查导轨有无"啃道"现象		
第七步	清洁、防锈处理		
第八步	质量自检		
第九步	电梯复位及试运行		

学习活动 3　维护保养前期准备

 学习目标

1. 熟悉导靴润滑油的质量要求和导靴润滑油的特性等。

2. 能领取和检查导靴季度维护保养工具、仪器和物料。

3. 能通过小组讨论明确导靴季度维护保养作业危险因素和应对措施。

4. 能以小组合作的方式完成导靴季度维护保养前有关事项确认。

建议学时　1 学时

 学习过程

一、认识导靴润滑油

1. 导靴润滑油的质量要求有哪些?

2. 简述钙基润滑脂的特性和适用场合。

3. 简述 HJ-40 机械油的特性和适用场合。

二、领取和检查导靴季度维护保养工具、仪器和物料

1. 领取导靴季度维护保养工具、仪器和物料

查询导靴季度维护保养工具、仪器和物料需求表，与电梯物料仓管人员沟通，从电梯物料仓管处领取相关工具、仪器和物料。小组合作核对工具、仪器和物料的规格、数量，并填写导靴季度维护保养工具、仪器和物料清单，为工具、仪器和物料领取提供凭证。

导靴季度维护保养工具、仪器和物料清单

维护保养人				时间			
用户单位				用户地址			
序号	名称	规格	数量	领取人签名	归还人签名	归还检查	
1	安全帽		2 个			□完好 □损坏	
2	工作服		2 套			□完好 □损坏	
3	铁头安全防护鞋		2 双			□完好 □损坏	
4	安全带		2 条			□完好 □损坏	
5	工具便携袋		2 个			□完好 □损坏	
6	维修标志		2 块			□完好 □损坏	
7	洁净抹布		适量			□完好 □损坏	
8	砂纸		若干			□完好 □损坏	
9	1 号锉刀		1 把			□完好 □损坏	
10	导轨润滑油/脂	HJ-40 机械油/钙基润滑脂	200 mL			□完好 □损坏	
11	靴衬		8 个			□完好 □损坏	
12	螺栓/螺母		若干			□完好 □损坏	
13	活扳手		1 把			□完好 □损坏	

续表

序号	名称	规格	数量	领取人签名	归还人签名	归还检查
14	呆扳手		1套			□完好　□损坏
15	胶锤		1个			□完好　□损坏
16	单片塞尺		1个			□完好　□损坏
17	钢尺	150 mm/300 mm	2个			□完好　□损坏
18	注油壶	300 mL	1个			□完好　□损坏
19	层门专用塞板		2套			□完好　□损坏
20	厅门专用三角钥匙		1把			□完好　□损坏
21	手电筒		1个			□完好　□损坏
22	水平尺	400 mm	1个			□完好　□损坏

管理人员发放签名：　　　　　　　　　　维护保养人员领取签名：

日期：　年　月　日　　　　　　　　　日期：　年　月　日

管理人员验收归还物品签名：

日期：　年　月　日

2. 检查导靴季度维护保养工具、仪器和物料

根据导靴季度维护保养工具、仪器和物料清单，对导靴季度维护保养的重点工具、仪器和物料进行检查。

导靴季度维护保养重点工具、仪器和物料检查表

序号	名称	检查标准	检查结果
1	塞尺	外观良好、无损坏，刻度清晰，无油污、无生锈	□正常 □不正常
2	水平尺	外观良好、无损坏	□正常 □不正常
3	导轨润滑油	没有变色、变味、变硬、变稀和乳化现象	□正常 □不正常
4	相同规格靴衬	外观良好、无损坏	□正常 □不正常

三、导靴季度维护保养作业危险因素及实施前有关事项确认

1. 确定主要作业危险因素及应对措施

查阅《电梯维护保养手册》对导靴季度维护保养作业的安全措施规定，以小组合作的方式对安全措施进行分析、总结，罗列导靴季度维护保养主要危险因素，确定导靴季度维护保养主要危险因素的应对措施，填写作业现场危险预知活动报告书，提高维护保养作业人员安全意识。

作业现场危险预知活动报告书

日期	作业现场名称	作业单位	作业内容	组织者（作业长）	检查员或保养站长确认

一、身体状况确认	
二、安全防护用具检查	□安全帽　□安全带　□安全鞋　□作业服
三、危险要因及对策	

序号	危险要因及对策	提出人
1	危险要因：第三方掉入井道 对策：	
2	危险要因：检修运行电梯时在轿顶坠入井道 对策：	
3	危险要因：维护保养作业时触电 对策：	
4	危险要因：在轿顶或底坑作业时，电梯突然启动 对策：	

四、小组行动目标	
五、参与人员签名	

2. 确认实施导靴季度维护保养前有关事项

按照《电梯维护保养手册》的导靴季度维护保养前安全措施规定和工作状态检查项目内容，核对导靴型号和设置安全护栏，确认照明、通信装置、主电源开关和急停开关功能正常，填写导靴季度维护保养实施前确认事项表。

导靴季度维护保养实施前确认事项表

序号	确认项目	操作简图	项目内容	完成情况
1	告知电梯管理人员		确认在显眼位置张贴导靴季度维护保养作业告示书	□完成 □未完成
			确认备用电梯已正确使用	□完成 □未完成
			确认发生安全事故处理办法	□完成 □未完成
2	设置安全护栏和警示牌		在下端站层门设置安全护栏和警示牌	□完成 □未完成
			在基站层门设置安全护栏和警示牌	□完成 □未完成
3	确认照明装置和通信装置		确认底坑照明装置的功能正常	□完成 □未完成

续表

序号	确认项目	操作简图	项目内容	完成情况
3	确认照明装置和通信装置		确认轿顶照明装置的功能正常	□完成 □未完成
			确认通信装置的功能正常	□完成 □未完成
4	确认急停开关和主电源开关		确认轿顶急停开关、轿顶检修开关、底坑急停开关的功能正常	□完成 □未完成
			确认主电源开关的功能正常	□完成 □未完成
5	确认轿厢处于检修状态		将轿厢检修运行至二楼以上楼层，并确认轿厢处于检修状态	□完成 □未完成
			确认轿厢及轿顶没有放置物品，已清空	□完成 □未完成

续表

序号	确认项目	操作简图	项目内容	完成情况
6	确认轿厢水平度和垂直度		确认轿厢水平度偏差 <2/1 000 mm、垂直度偏差 <1/1 000 mm，否则应重新进行调整	□完成 □未完成
7	确认底坑无积水		进入底坑确认底坑内无积水	□完成 □未完成
8	确认导靴型号		通过导靴铭牌上的标志确认导靴型号	□完成 □未完成
9	安全操作		进入轿顶或底坑时遵守安全规程，安全进入	□是 □否
			在轿顶或底坑作业时，确认没有第三方人员进入，且底坑急停开关处于急停状态	□完成 □未完成

学习活动 4　维护保养实施

学习目标

1. 认识导靴季度维护保养作业。

2. 能以小组合作方式实施导靴季度维护保养作业。

建议学时　8学时

学习过程

一、认识导靴季度维护保养作业

查阅《电梯维护保养手册》对导靴季度维护保养的规定，通过网络查找相关资料，观看相关操作视频，通过观察和整理，总结导靴季度维护保养的操作要点。

1. 填写导靴维护保养作业流程

导靴维护保养作业流程

2. 填写导靴维护保养作业子步骤操作要点表

导靴维护保养作业子步骤操作要点表

序号	子步骤	操作要点
1	导靴维护保养	（1）靴衬中无_____等 （2）导轨两边工作面间隙不能过大 （3）导靴磨损要_____ （4）清洁导靴 （5）导靴表面和连接处正常 （6）导靴中_____适合 （7）导靴连接牢固
2	油杯维护保养	（1）吸油毛毡齐全 （2）吸油毛毡_____导轨面 （3）油量_____，油杯无_____ （4）油毡在导轨顶面无_____ （5）油杯无_____ （6）清洁油杯 （7）更换油杯和油毡

二、实施导靴季度维护保养作业

按照《电梯维护保养手册》中导靴季度维护保养的内容，遵守导靴季度维护保养作业流程要求，实施导靴季度维护保养作业，填写导靴季度维护保养作业记录表，确认导靴功能符合使用要求。

导靴季度维护保养作业记录表

序号	项目	操作简图	项目内容	完成情况
1	导靴与导轨接触面的润滑		（1）检查导靴与导轨接触处润滑是否良好 （2）检查油盒内油质与油量是否符合要求 （3）检查油杯是否泄漏、油毡是否齐全	（1）□是　□否 （2）□是　□否 （3）□是　□否

续表

序号	项目	操作简图	项目内容	完成情况
2	靴衬的磨损情况及导靴与导轨的配合情况		使用塞尺检查导靴与导轨之间的间隙是否在规定范围内	□是 □否
3	导靴的紧固情况		检查导靴与轿厢架或对重架的紧固螺母是否松动	□是 □否
4	有无"啃道"现象		（1）检查导轨表面是否平滑，有无"啃道"现象 （2）检查导轨与上下导靴之间的间隙是否一致	（1）□是　□否 （2）□是　□否

学习活动5 维护保养质量自检

 学习目标

1. 能以小组合作的方式，根据电梯国家相关标准、规范和《电梯维护保养手册》规定，进行导靴季度维护保养质量自检。

2. 能以小组合作的方式，遵守安全操作规范，正确实施电梯复位操作。

3. 能以小组合作的方式，遵守安全操作规范，正确实施电梯运行检查。

4. 能正确填写导靴季度维护保养作业检查表，并交付电梯管理人员和电梯维护保养组长。

5. 能按6S管理规范，整理并清洁工具、仪器、物料和工作环境，归还工具、仪器、物料，将导靴季度维护保养作业检查表存档。

建议学时 2学时

 学习过程

一、导靴季度维护保养质量自检

根据电梯国家相关标准、规范和《电梯维护保养手册》规定，进行导靴季度维护保养质量自检，填写导靴季度维护保养质量评估记录表。

导靴季度维护保养质量评估记录表

1. 电梯型号：
2. 导靴类型：
3. 维护保养作业时间：

序号	评估项目	项目情况记录		有关规定	评估结果	评价
		维护保养前	维护保养后			
1	导靴与导轨接触面的润滑情况			确保导靴与导轨接触面润滑情况良好		
2	油质和油量情况			确保油质合乎要求，油量为总油盒的 1/4 ~ 3/4		
3	油杯和油毡情况			确保油杯无泄漏，油毡齐全		
4	靴衬的磨损情况以及导靴与导轨的配合情况			两侧工作面磨损量不超过 1 mm，正面工作面磨损量不超过 2 mm，磨损量过大时应及时更换		
5	导靴的紧固情况			确保导靴与轿厢架或对重架的紧固螺母无松动，有松动情况应及时紧固		
6	导轨工作面磨损情况			确保导轨侧面无狭小明亮的痕迹和毛刺；靴衬侧面呈喇叭口处无毛刺，或运行电梯过程中无摆动感，否则需要及时检修和记录		

根据上述项目的情况记录和结果判断，本次导靴季度维护保养质量评估结果是：

签名：　　　　日期：

二、认识电梯复位和运行检查

查阅《电梯维护保养手册》对电梯复位和电梯运行检查的流程规定，通过网络查找相关资料，观看相关操作视频，通过观察和整理，总结电梯复位和运行检查的操作要点。

1. 填写电梯复位和运行流程

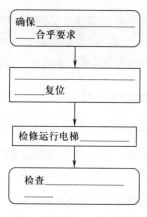

确保_____ ____合乎要求

↓

_____复位

↓

检修运行电梯_____

↓

检查_____ _____

电梯复位和运行流程图

2. 填写电梯复位和运行检查子步骤操作要点表

电梯复位和运行检查子步骤操作要点表

序号	子步骤	操作要点
1	确保轿厢水平度和垂直度合乎要求	在运行电梯之前，通过_____确认轿厢水平度和垂直度在规定范围内
2	底坑急停开关和轿顶急停开关复位	（1）按进出底坑操作规程，进入底坑确认_____复位 （2）按进出轿顶操作规程，进入轿顶确认_____复位
3	检修运行电梯上下行	（1）电梯处于_____状态 （2）运行过程中执行应答制度 （3）操作电梯检修上下行，确保电梯能够正常运行
4	检查上极限保护开关正常	（1）按_____操作规程，进入轿顶 （2）按下_____，电梯不能_____

三、实施电梯复位和运行检查

按照《电梯维护保养手册》中电梯复位和运行检查的内容，遵守电梯复位和运行的作业流程要求，通过检查和观察，确保轿厢水平度和垂直度合乎要求、底坑急停开关和轿顶急停开关复位等，填写电梯复位和运行检查作业记录表，评估电梯导靴维护保养质量。

电梯复位和运行检查作业记录表

1. 电梯复位

序号	步骤	步骤内容	完成情况
1	检查轿厢水平度和垂直度	（1）在运行电梯之前，通过_____检查轿厢水平度 （2）检查轿厢垂直度	（1）□完成 □未完成 （2）□完成 □未完成
2	轿顶急停开关复位	操作人员进入轿顶，确认轿顶急停开关已复位	□完成 □未完成
3	底坑急停开关复位	操作人员检查底坑急停开关已复位	□完成 □未完成

2. 电梯运行检查

序号	步骤	步骤内容	互评
1	检修运行检查	写出检查方法： 在检查过程中，维护保养人员应在_____操作电梯检修运行，轿厢以检修速度_____运行时，对_____进行检查。首先必须按顺序拧紧全部压板、接头盒撑架的螺栓连接，然后再从上至下用特制样板核实导轨的间距。在运行时若轿厢产生摆动现象，说明_____严重，需要及时更换	
2	上下极限保护开关检查	写出检查方法：	
3	快车运行检查	写出检查方法：	

四、6S 管理登记

按 6S 管理登记表要求，整理并清洁工具、仪器、物料和工作环境；填写导靴季度维护保养作业检查表并把导靴季度维护保养作业检查表（使用单位联）交给电梯使用单位电梯管理人员签名确认；把工具、仪器和物料归还电梯物料仓管处，并办理归还手续；把导靴季度维护保养作业检查表（电梯维护保养单位联）交给电梯维护保养组长签名确认，并把导靴季度维护保养作业检查表（电梯维护保养单位联）交给技术档案管理部门存档。

6S 管理登记表

序号	项目内容	项目要求	完成情况	互评
1	整理并清洁工具、仪器、物料和工作环境	（1）如数收集工具、仪器并整理放置在工具箱中 （2）整理并收拾物料 （3）清理机房、底坑和相应层站 （4）清洁工作鞋底 （5）收拾安全护栏、警示牌	（1）□完成　□未完成 （2）□完成　□未完成 （3）□完成　□未完成 （4）□完成　□未完成 （5）□完成　□未完成	
2	电梯管理人员签名维护保养单	（1）电梯管理人员对维护保养质量进行评价 （2）将导靴季度维护保养作业检查表（使用单位联）交给电梯管理人员签名确认 （3）电梯管理人员提出其他服务要求	（1）□完成　□未完成 （2）□完成　□未完成 （3）□完成　□未完成	
3	电梯维护保养组长签名维护保养单	（1）电梯维护保养组长对维护保养质量进行复核 （2）将导靴季度维护保养作业检查表（电梯维护保养单位联）交给电梯管理人员签名确认 （3）电梯维护保养组长提出其他服务要求	（1）□完成　□未完成 （2）□完成　□未完成 （3）□完成　□未完成	
4	归还工具、仪器和物料，将文件存档	（1）将工具、仪器和物料归还，并办理手续 （2）将导靴季度维护保养作业检查表存档 （3）将所借阅资料归还	（1）□完成　□未完成 （2）□完成　□未完成 （3）□完成　□未完成	

互评小结：

学习活动 6　工作总结与评价

学习目标

1. 每组能派代表展示工作成果，说明本次任务的完成情况，进行分析总结。

2. 能结合任务完成情况，正确规范地撰写工作总结。

3. 能就本次任务中出现的问题提出改进措施。

4. 能对学习与工作进行反思总结，并能与他人开展良好合作，进行有效沟通。

建议学时　2学时

学习过程

一、个人、小组评价

以小组为单位，选择演示文稿、展板、海报、视频等形式中的一种或几种，向全班展示、汇报工作成果。在展示的过程中，以小组为单位进行评价；评价完成后，根据其他小组对本组展示成果的评价意见进行归纳总结。

汇报思路设计：

其他小组成员的评价意见：

二、教师评价

认真听取教师对本小组展示成果优缺点以及在完成任务过程中出现的亮点和不足的评价意见，并做好记录。

1. 教师对本小组展示成果优点的点评。

2. 教师对本小组展示成果缺点及改进方法的点评。

3. 教师对本小组在整个任务完成过程中出现的亮点和不足的点评。

三、工作过程回顾及总结

1. 在团队学习过程中，项目负责人给你分配了哪些工作任务？你是如何完成的？还有哪些需要改进的地方？

2. 总结完成导靴的维护保养学习任务过程中遇到的问题和困难，列举 2～3 点你认为比较值得和其他同学分享的工作经验。

3. 回顾学习任务的完成过程，对新学到的专业知识和技能进行归纳与整理，撰写工作总结。

工作总结

_____

_____

_____

_____

_____

_____

_____

_____

_____

_____

_____

 评价与分析

按照客观、公正和公平的原则，在教师的指导下按自我评价、小组评价和教师评价三种方式对自己或他人在本学习任务中的表现进行综合评价。综合等级按 A（90～100）、B（75～89）、C（60～74）、D（0～59）四个级别填写在表中。

学习任务综合评价表

考核项目	评价内容	配分（分）	评价分数		
			自我评价	小组评价	教师评价
职业素养	安全防护用品穿戴完备，仪容仪表符合工作要求	5			
	安全意识、责任意识强	6			
	积极参加教学活动，按时完成各项学习任务	6			
	团队合作意识强，善于与人交流和沟通	6			

续表

考核项目	评价内容	配分（分）	评价分数		
			自我评价	小组评价	教师评价
职业素养	自觉遵守劳动纪律，尊敬师长，团结同学	6			
	爱护公物，节约材料，管理现场符合 6S 管理标准	6			
专业能力	专业知识扎实，有较强的自学能力	10			
	操作积极，训练刻苦，具有一定的动手能力	15			
	技能操作规范，遵守检修工艺，工作效率高	10			
工作成果	导靴的维护保养符合工艺规范，检修质量高	20			
	工作总结符合要求	10			
总　分		100			
总评	自我评价 ×20%+ 小组评价 ×20%+ 教师评价 ×60%=	综合等级	教师（签名）：		

学习任务二 缓冲器的维护保养

 **学习目标**

1. 能通过阅读缓冲器年度维护保养作业检查表，明确缓冲器年度维护保养项目。

2. 能通过阅读《电梯维护保养手册》，明确缓冲器年度维护保养方法、工艺要求。

3. 能确定缓冲器年度维护保养作业流程。

4. 能选用和检查缓冲器年度维护保养工具、仪器和物料，完成缓冲器年度维护保养前有关事项确认。

5. 能正确穿戴安全防护用品，执行缓冲器年度维护保养作业安全操作规程。

6. 能通过小组合作方式，按照缓冲器年度维护保养作业计划表，完成缓冲器的年度维护保养工作。

7. 能按规范检查和评估缓冲器年度维护保养质量，并正确填写缓冲器年度维护保养作业检查表。

8. 能按 6S 管理规范，整理并清洁场地，归还物品，将文件存档。

9. 能完成缓冲器年度维护保养工作总结与评价。

建议学时

14 学时

工作情景描述

电梯维护保养公司按合同要求需要对某小区一台三层三站的 TKJ800/0.63-JX 有机房电梯（曳引比为 1∶1）的重要安全部件进行年度维护保养作业。电梯维护保养工从电梯维护保养组长处领取任务，要求在 2 h 内完成缓冲器年度维护保养作业，完成后交付验收。

工作流程与活动

学习活动 1　明确维护保养任务（1 学时）

学习活动 2　确定维护保养流程（2 学时）

学习活动 3　维护保养前期准备（1 学时）

学习活动 4　维护保养实施（6 学时）

学习活动 5　维护保养质量自检（2 学时）

学习活动 6　工作总结与评价（2 学时）

学习活动 1　明确维护保养任务

学习目标

　　1. 能通过阅读电梯年度维护保养作业计划表和缓冲器年度维护保养作业检查表，明确缓冲器维护保养项目。

　　2. 熟悉缓冲器的分类、结构、作用和工作原理，明确缓冲器年度维护保养项目的技术标准。

　　建议学时　1学时

学习过程

一、明确缓冲器维护保养项目

1. 阅读电梯年度维护保养作业计划表

电梯维护保养工从维护保养组长处领取电梯年度维护保养作业计划表，包括维护保养人、维护保养日期、地点、梯号和年检等信息，了解涉及缓冲器维护保养的项目信息。

电梯年度维护保养作业计划表

电梯管理编号	合同号	梯号		服务形式	用户名或地址		竣工日期	用户联系人	
01101080	T001				金鹰大厦某区某路 105 号			李强	
梯型	NPH	梯速（m/s）		0.63	载重（kg）	800	停站数	3	站序 北区一站

工作项目		要求			年内次数	月份												保养者署名		
		检查	清理	调整		1	2	3	4	5	6	7	8	9	10	11	12	月	日	署名
年度检查	井底缓冲器（弹弓油泵）	√	√	√	1															

（1）电梯缓冲器的维护保养项目有哪些？

（2）缓冲器维护保养项目的工作要求是什么？

（3）应什么时间实施缓冲器维护保养项目？

2. 阅读缓冲器年度维护保养作业检查表

查阅《电梯维护保养规则》中对缓冲器年度维护保养项目的规定，获取缓冲器维护保养信息，明确缓冲器维护保养任务，填写下面的缓冲器年度维护保养作业检查表。

缓冲器年度维护保养作业检查表

*1. 年度维护保养作业实施整个过程必须使用此检查表，记录下列全部项目。

*2. 此检查表需要经过审核、批准后，到下次维护保养整体设备时为止，放在客户档案里保存（下次缓冲器年度维护保养作业完成，替换成最新版本）。

客户编号	客户名	客户联系电话	使用登记号	作业地址	作业实施日期
电梯型号	额定速度	额定载荷	层/站	缓冲器型号	档案号

1. 作业前必须确认事项

序号	确认事项	确认情况	注意事项
1	作业人员是否做好分工	□是 □否	
2	安全操作措施是否完成	□是 □否	必须按安全操作规程规定完成
3	工具和物料是否齐全	□是 □否	必须按《电梯维护保养手册》中的工具和物料清单准备齐全
4	是否已与客户沟通协调	□是 □否	（1）与客户沟通，了解电梯使用情况和使用要求 （2）与客户沟通协调作业时间、安全要求和备用梯

2. 维护保养前需确认事项

序号	确认事项	确认情况	注意事项
1	作业前确认底坑是否有积水	□是 □否	必须保持作业环境干燥，防止漏电事故
2	核对底坑缓冲器型号、类型是否与维护保养单一致	□是 □否	必须严格遵守电梯维护保养工艺要求
3	柱塞是否出现漏油、生锈等情况	□是 □否	
4	其他问题	□是 □否	

3. 年度维护保养项目

序号	年度维护保养项目	技术标准	维护保养结果
1	缓冲器紧固性	缓冲器与底坑水泥墩的固定螺栓紧固	□符合 □不符合
2	缓冲器油位	充油量正确，油位便于检查	□符合 □不符合
3	缓冲器电气开关	缓冲器电气开关有效性检查	□符合 □不符合
4	缓冲器柱塞复位时间	轿厢空载，以检修速度下行，将缓冲器全压缩，从轿厢脱离缓冲器时起至缓冲器恢复原状所需时间 ≤120 s	□符合 □不符合

续表

序号	年度维护保养项目	技术标准	维护保养结果
5	对重越程距离	轿厢分别在上下端站平层位置时，轿厢（或对重）底部撞板与缓冲器顶面的垂直距离应为 150 ~ 400 mm（液压缓冲器）或 200 ~ 350 mm（弹簧缓冲器）	□符合　□不符合
6	6S 管理	清理现场，归还工具	□符合　□不符合

4. 作业后需确认事项

序号	确认事项	确认事项	注意事项
1	检验缓冲器电气开关是否有效	□是　□否	人为短接下端站的强迫换速开关、限位开关、极限开关，检修运行电梯，使轿厢下行碰及缓冲器，观察电气开关动作后，电梯是否马上制停
2	柱塞是否能自动复位	□是　□否	
3	电梯复位操作部分	□完成　□未完成	

根据本次维护保养作业情况，需要申请更换或维修部件（不属于年度维护保养项目）：

维护保养员		维护保养组长	
使用单位			年　月　日
存档			年　月　日

3. 填写缓冲器维护保养信息表

在阅读电梯年度维护保养作业计划表和缓冲器年度维护保养作业检查表要点后，填写缓冲器维护保养信息表。

缓冲器维护保养信息表

（1）工作人员信息

维护保养人		维护保养日期	

（2）电梯基本信息

客户编号		电梯型号	
缓冲器型号		档案号	
用户单位		用户地址	
联系人		联系电话	

（3）工作内容

序号	维护保养项目	序号	维护保养项目
1	缓冲器紧固性	4	缓冲器柱塞复位时间
2		5	
3		6	6S 管理

二、认识缓冲器

通过查阅电梯构造等相关书籍及查找网络资源等方式，获取缓冲器的类型、结构、作用、工作原理等基本知识，为后期缓冲器年度维护保养作业提供理论依据。

1. 根据图片，在括号内填写对应缓冲器的名称。

（　　　）　　　　　　（　　　）　　　　　　（　　　）

2. 将缓冲器实物图中的部件与对应名称连线。

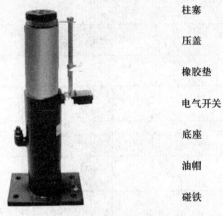

柱塞

压盖

橡胶垫

电气开关

底座

油帽

碰铁

缓冲器实物图

3. 看图认识缓冲器内部结构，在横线上填写缓冲器各部件的名称。

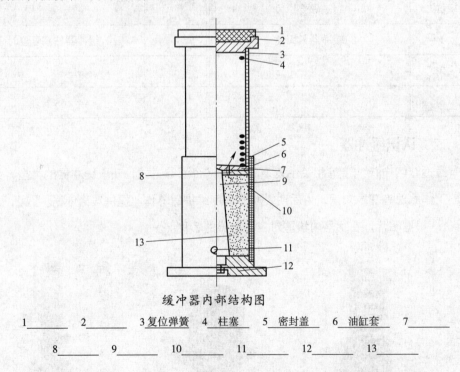

缓冲器内部结构图

1_____　2_____　3 复位弹簧　4 柱塞　5 密封盖　6 油缸套　7_____

8_____　9_____　10_____　11_____　12_____　13_____

4. 简述缓冲器的作用。

5. 简述缓冲器的工作原理。

学习活动 2　确定维护保养流程

学习目标

1. 明确缓冲器日常维护保养内容和调整方法。

2. 能通过阅读电梯构造书籍和《电梯维护保养手册》，明确缓冲器年度维护保养内容、参数调整方法及维护保养工具、仪器和物料需求。

3. 能通过与电梯管理人员沟通，明确缓冲器年度维护保养时间、工作环境要求和安全措施。

4. 能结合被维护保养电梯实际情况，根据电梯相关国家标准和《电梯维护保养手册》，确定缓冲器年度维护保养作业流程。

建议学时　2学时

学习过程

一、认识缓冲器日常维护保养内容

根据缓冲器年度维护保养作业检查表的要点，查阅电梯构造书籍和《电梯维护保养手册》，查看被维护保养电梯的缓冲器，明确缓冲器日常维护保养内容。

1. 检查缓冲器的各项技术指标（如_____行程）等以及安全工作状态是否符合要求。

2. 检查缓冲器的油位及泄漏情况（至少每季度一次），油面高度应经常保持在_____，黏度应为_____。

3. 定期对缓冲器的油缸进行清洗，更换_____。

4. 缓冲器的表面应定期涂_____，当表面锈斑严重时，应加涂_____。

5. 定期查看并紧固好缓冲器与底座下面的固定螺栓，防止_____，确保底坑_____。

6. 检查缓冲器上的橡胶垫有无变形、老化或脱落，并及时_____。

7. 缓冲器柱塞复位时间应不大于_____。

8. 缓冲器的柱塞外露部分要清除_____，保持清洁，并涂上_____。

9. 轿厢在上下站平层位置时，轿厢、对重底部的撞板与缓冲器顶面的垂直距离，对于液压缓冲器为_____，对于弹簧缓冲器为_____。

二、了解缓冲器的调整方法

查阅相关资料，填写缓冲器的调整方法表。

缓冲器调整方法表

调整项目	操作简图	调整方法
1. 缓冲器紧固性调整	 紧固性调整	
2. 缓冲器油位检查	 油位检查	

续表

调整项目	操作简图	调整方法
3. 电气开关有效性检查	 电气开关有效性检查	
4. 缓冲器柱塞复位	 柱塞复位性检查	
5. 对重越程距离调整	 对重越程距离调整	

三、明确缓冲器年度维护保养工具、仪器和物料需求

查阅《电梯维护保养手册》，明确缓冲器年度维护保养对工具、仪器和物料的需求，并填写缓冲器年度维护保养工具、仪器和物料需求表。

缓冲器年度维护保养工具、仪器和物料需求表

序号	名称（是否选用）	数量	规格	序号	名称（是否选用）	数量	规格
1	工具便携袋	2 个		12	层门专用塞板	2 套	
2	维修标志	2 块		13	厅门专用三角钥匙	1 把	
3	洁净抹布	适量		14	防尘罩	2 个	
4	砂纸	若干	1000#	15	L-HM 抗磨液压油	200 mL	
5	手电筒	1 个		16	缓冲器电气开关	2 个	
6	卷尺	2 个	5 m	17	螺栓 / 螺母	若干	
7	一字旋具	1 个		18	活扳手	1 把	
8	十字旋具	1 个		19	呆扳手	1 套	
9	防锈漆	1 罐	灰色漆	20	胶锤	1 个	
10	注油壶	1 个	300 mL	21	扫把	1 把	
11	机械万用表	1 台					

四、与电梯使用管理人员沟通协调

查阅缓冲器年度维护保养作业检查表，就被维护保养电梯名称、工作时间、维护保养内容、实施人员、需要物业配合的内容等与电梯管理人员进行沟通，填写缓冲器年度维护保养沟通信息表，并告知物业管理人员缓冲器年度维护保养任务，保障缓冲器年度维护保养工作顺利开展。

缓冲器年度维护保养沟通信息表

1. 基本信息

用户单位		用户地址	
联系人		联系电话	
沟通方式	□电话　□面谈　□电子邮件　□传真　□其他		

2. 沟通内容

电梯管理编号		电梯代号	
维护保养日期	年　月　日　时　分至　　年　月　日　时　分		
电梯使用情况	（1）平层情况：□正常　□不正常 （2）启动情况：□正常　□不正常 （3）制动情况：□正常　□不正常 （4）开关门情况：□正常　□不正常		
维护保养内容	缓冲器年度维护保养　□已告知　□未告知		
物业管理单位配合内容	（1）在显眼位置粘贴"年度维护保养告示书"　□已告知　□未告知 （2）确认备用梯　□确认　□未确认 （3）物业管理跟进人员　□确认　□未确认 （4）物业管理处的安全紧急预案　□确认　□未确认 （5）物业管理处对维护保养作业环境要求：		

五、明确缓冲器年度维护保养作业流程

通过查阅《电梯维护保养手册》、缓冲器年度维护保养作业检查表、《电梯制造与安装安全规范》[GB 7588—2003（2015）]的"10.3 轿厢与对重缓冲器、14.2.1.4 紧急电动运行控制、15.8 缓冲器"、《电梯技术条件》（GB/T 10058—2009）的"3.1 基本要求、3.3 整机性能、3.4 外观质量要求、3.8 缓冲器"、《电梯安装验收规范》（GB/T 10060—2011）的"5.2.9 缓冲器"、《电梯、自动扶梯和自动人行道维修规范》（GB/T 18775—2009）"附录 A 中表 A.1 要求"和电梯生产厂家对缓冲器部件维护保养要求，小组配合完成缓冲器年度维护保养作业流程表的填写。

缓冲器年度维护保养作业流程表

1. 工作人员信息

维护保养人		维护保养日期	

2. 电梯基本信息

电梯管理编号		电梯型号	
用户单位		用户地址	
联系人		联系电话	

3. 近期缓冲器维护保养记录

序号	维护保养项目	要求	维护保养记录	维护保养结果
1	缓冲器的紧固性检查	缓冲器与底坑水泥墩的固定螺栓紧固		□符合 □不符合
2	缓冲器油位检查	油面高度应经常保持在最低位线以上		□符合 □不符合
3	缓冲器电气开关有效性检查	缓冲器电气开关动作时，能够将电梯有效制停		□符合 □不符合
4	缓冲器柱塞复位时间检查	柱塞从全压缩状态到恢复原状所需时间≤120 s		□符合 □不符合
5	对重越程距离检查	轿厢分别在上下端站平层位置时，轿厢（或对重）底部撞板与缓冲器顶面的垂直距离应为 150 ~ 400 mm（液压缓冲器）或200 ~ 350 mm（弹簧缓冲器）		□符合 □不符合
6	已更换部件			

续表

4. 缓冲器年度维护保养作业流程

作业顺序	作业项目	主要内容	主要安全措施
第一步	准备工作		
第二步	实施前有关事项确认		
第三步	缓冲器紧固性检查		
第四步	缓冲器油位检查		
第五步	清洁和防锈处理		
第六步	缓冲器电气开关有效性检查		
第七步	缓冲器柱塞复位性检查		
第八步	对重越程距离检查		
第九步	质量自检		
第十步	电梯复位及试运行		

学习活动 3　维护保养前期准备

学习目标

1. 熟悉缓冲器润滑油的质量要求和缓冲器润滑油的特性等。

2. 能领取和检查缓冲器年度维护保养工具、仪器和物料。

3. 能通过小组讨论明确缓冲器年度维护保养作业危险因素和应对措施。

4. 能以小组合作的方式完成缓冲器年度维护保养前有关事项确认。

建议学时　1 学时

学习过程

一、认识缓冲器用油

1. 缓冲器润滑油的质量要求有哪些？

2. 填写下列润滑油的特性和适用场合。

缓冲器润滑油的特性和适用场合

名称	特性	适用场合
锂基润滑脂		
机油		
L-HM 抗磨液压油		
L-HV 抗磨液压油		

3. 缓冲器柱塞用油一般选用（　　）。

A. L-HM 抗磨液压油　　　B. 10# 机油　　　C. L-HV　　　D. 以上均可

二、领取和检查缓冲器年度维护保养工具、仪器和物料

1. 领取缓冲器年度维护保养工具、仪器和物料

查询缓冲器年度维护保养工具、仪器和物料需求表，与电梯物料仓管人员沟通，从电梯物料仓管处领取相关工具、仪器和物料。小组合作核对工具、仪器和物料的规格、数量，并填写缓冲器年度维护保养工具、仪器和物料清单，为工具、仪器和物料领取提供凭证。

缓冲器年度维护保养工具、仪器和物料清单

维护保养人		时间	
用户单位		用户地址	

年度要求（在半年保基础上增加）（填写说明：在相应□打√）

序号	名称	规格	数量	领取人签名	归还人签名	归还检查
1	工具便携袋		2个			□完好　□损坏
2	维修标志		2块			□完好　□损坏
3	洁净抹布		适量			□完好　□损坏
4	砂纸	1000#	若干			□完好　□损坏
5	手电筒		1个			□完好　□损坏
6	卷尺	5 m	2个			□完好　□损坏
7	一字旋具		1个			□完好　□损坏
8	十字旋具		1个			□完好　□损坏
9	防锈漆	灰色	1罐			□完好　□损坏

续表

序号	名称	规格	数量	领取人签名	归还人签名	归还检查
10	注油壶	300 mL	1个			□完好　□损坏
11	机械万用表		1台			□完好　□损坏
12	层门专用塞板		2套			□完好　□损坏
13	厅门专用三角钥匙		1把			□完好　□损坏
14	防尘罩		2个			□完好　□损坏
15	L–HM 抗磨液压油		200 mL			□完好　□损坏
16	缓冲器电气开关		2个			□完好　□损坏
17	螺栓／螺母		若干			□完好　□损坏
18	活扳手		1把			□完好　□损坏
19	呆扳手		1套			□完好　□损坏
20	胶锤		1个			□完好　□损坏
21	扫把		1把			□完好　□损坏

管理人员发放签名：

日期：　年　月　日

维护保养人员领取签名：

日期：　年　月　日

管理人员验收归还物品签名：

日期：　年　月　日

2. 检查缓冲器年度维护保养工具、仪器和物料

根据缓冲器年度维护保养工具、仪器和物料清单，对缓冲器年度维护保养重点工具、仪器和物料进行检查。

缓冲器年度维护保养重点工具、仪器和物料检查表

序号	名称	检查标准	检查结果
1	机械万用表	（1）外观良好，无损坏 （2）能进行欧姆调零 （3）动作灵敏	□正常 □不正常

序号	名称	检查标准	检查结果
2	L-HM 抗磨液压油	（1）没有变色 （2）没有变味 （3）没有变硬 （4）没有变稀 （5）没有乳化严重	□正常 □不正常
3	缓冲器电气开关	（1）外观良好，无损坏 （2）功能正常	□正常 □不正常

三、缓冲器年度维护保养作业危险因素及实施前确认事项

1. 确定主要作业危险因素及应对措施

查阅《电梯维护保养手册》对缓冲器年度维护保养作业的安全措施规定，小组合作对安全措施进行分析、总结，罗列缓冲器年度维护保养主要危险因素，确定缓冲器年度维护保养主要危险因素的应对措施，填写作业现场危险预知活动报告书，提高维护保养作业人员安全意识。

作业现场危险预知活动报告书

日期	作业现场名称	作业单位	作业内容	组织者（作业长）	检查员或保养站长确认

一、身体状况确认	
二、安全防护用具检查	□安全帽　□安全带　□安全鞋　□作业服

三、危险要因及对策

序号	危险要因及对策	提出人
1	危险要因：第三方掉入井道 对策：	
2	危险要因：检修运行电梯压缩缓冲器时伤人 对策：	
3	危险要因：维护保养作业时触电 对策：	
4	危险要因：在轿顶或底坑作业时，电梯突然启动 对策：	

四、小组行动目标	
五、参与人员签名	

2. 确认实施缓冲器年度维护保养前有关事项

按照《电梯维护保养手册》的缓冲器年度维护保养前安全措施规定和工作状态检查项目内容，核对缓冲器型号和设置安全护栏，确认照明、通信装置、主电源开关和急停开关功能正常，填写缓冲器年度维护保养实施前确认事项表。

缓冲器年度维护保养实施前确认事项表

序号	确认项目	操作简图	项目内容	完成情况
1	告知电梯管理人员		确认在显眼位置张贴缓冲器年度维护保养作业告示书	□完成 □未完成
			确认备用电梯正确使用	□完成 □未完成
			确认发生安全事故处理办法	□完成 □未完成
2	设置安全护栏和警示牌		在下端站层门设置安全护栏和警示牌	□完成 □未完成
			在基站层门设置安全护栏和警示牌	□完成 □未完成
3	确认照明装置和通信装置		确认底坑照明装置的功能正常	□完成 □未完成

续表

序号	确认项目	操作简图	项目内容	完成情况
3	确认照明装置和通信装置		确认轿顶照明装置的功能正常	□完成 □未完成
			确认通信装置的功能正常	□完成 □未完成
4	确认急停开关和主电源开关		确认底坑急停开关、轿厢检修开关的功能正常	□完成 □未完成
			确认主电源开关的功能正常	□完成 □未完成
5	确认轿厢处于检修状态		将轿厢运行至二楼以上楼层，并确认轿厢处于检修状态	□完成 □未完成

续表

序号	确认项目	操作简图	项目内容	完成情况
6	确认底坑无积水		进入底坑,确认底坑内无积水	□完成 □未完成
7	确认缓冲器型号		通过缓冲器铭牌上的标志确认缓冲器类型	□完成 □未完成
8	安全操作		进入底坑时遵守安全规程安全进入	□是 □否
			在底坑作业时,确认没有第三方人员进入电梯且底坑急停开关处于急停状态	□完成 □未完成

学习活动 4　维护保养实施

学习目标

1. 认识缓冲器年度维护保养作业。

2. 以小组合作方式实施缓冲器年度维护保养作业。

建议学时　6 学时

学习过程

一、认识缓冲器年度维护保养作业

查阅《电梯维护保养手册》对缓冲器年度维护保养的规定，通过网络查找相关资料，观看相关操作视频，通过观察和整理，总结缓冲器年度维护保养的操作要点。

1. 填写缓冲器维护保养作业流程

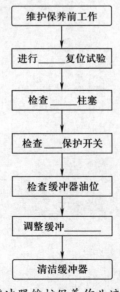

维护保养前工作

↓

进行____复位试验

↓

检查____柱塞

↓

检查____保护开关

↓

检查缓冲器油位

↓

调整缓冲____

↓

清洁缓冲器

缓冲器维护保养作业流程

2. 填写缓冲器维护保养作业子步骤操作要点表

缓冲器维护保养作业子步骤操作要点表

序号	子步骤	操作要点
1	维护保养前工作	准备好＿＿＿＿＿＿＿＿＿＿＿＿
2	进行缓冲器复位试验	（1）压缩后能＿＿＿＿复位 （2）复位后，电气开关才能恢复＿＿＿＿＿＿＿＿＿
3	检查缓冲器柱塞	无锈蚀，如有锈蚀，使用1000#砂纸打磨除锈，并涂上＿＿＿＿
4	检查电气保护开关	固定牢靠，动作＿＿＿＿、可靠
5	检查缓冲器油位	油位正常
6	调整缓冲距离	对缓冲器缓冲距离进行＿＿＿＿及调整
7	清洁缓冲器	无灰尘、＿＿＿＿＿＿＿＿＿＿

二、实施缓冲器年度维护保养作业

按照《电梯维护保养手册》中缓冲器年度维护保养的内容，遵守缓冲器年度维护保养作业流程要求，实施缓冲器年度维护保养作业，填写缓冲器年度维护保养作业记录表，确认缓冲器功能符合使用要求。

缓冲器年度维护保养作业记录表

序号	项目	操作简图	项目内容	完成情况
1	缓冲器紧固性、油位检查及清洁和防锈处理等		（1）检查缓冲器的紧固性 （2）油位检查及清洁防锈处理 （3）对缓冲器柱塞外露部分进行清洁和防锈处理等	（1）□完成　□未完成 （2）□完成　□未完成 （3）□完成　□未完成
2	缓冲器电气开关有效性检查		检查缓冲器电气开关的通断	□完成 □未完成

序号	项目	操作简图	项目内容	完成情况
3	缓冲器柱塞复位性检查		检查柱塞复位时间是否在 120 s 范围内	□完成 □未完成
4	对重越程距离检查		判断对重装置撞板与其缓冲器顶面间的垂直距离是否在规定范围内	□完成 □未完成

学习活动5 维护保养质量自检

 学习目标

1. 能以小组合作的方式，根据电梯国家相关标准、规范和《电梯维护保养手册》规定，进行缓冲器年度维护保养质量自检。

2. 能以小组合作的方式，遵守安全操作规范，正确实施电梯复位操作。

3. 能以小组合作的方式，遵守安全操作规范，正确实施电梯运行检查。

4. 能正确填写缓冲器年度维护保养作业检查表，并交付电梯管理人员和电梯维护保养组长。

5. 能按6S管理规范，整理并清洁工具、仪器、物料和工作环境，归还工具、仪器、物料，将缓冲器年度维护保养作业检查表存档。

建议学时 2学时

 学习过程

一、缓冲器年度维护保养质量自检

根据电梯国家相关标准、规范和电梯维护保养工艺规定，进行缓冲器年度维护保养质量自检，填写缓冲器年度维护保养质量评估记录表。

缓冲器年度维护保养质量评估记录表

（1）电梯型号：

（2）缓冲器类型：

（3）维护保养作业时间：

序号	评估项目	项目情况记录		有关规定	评估结果	评价
		维护保养前	维护保养后			
1	缓冲器的紧固性			确保缓冲器与缓冲座之间的紧固螺母无松动		
2	缓冲器油位			对缓冲器的油缸进行清洁，更换废油，并保证油位在油针两刻度线之间		
3	缓冲器电气开关有效性			电气开关一动作，电梯立即止停		
4	缓冲器柱塞复位性			柱塞复位时间不大于 120 s		
5	缓冲器对重越程距离			液压缓冲器 150 ~ 400 mm、弹簧缓冲器 200 ~ 350 mm		

根据上述项目的情况记录和结果判断，本次缓冲器年度维护保养质量评估结果是：

签名：　　　　日期：

二、认识电梯复位和运行检查

查阅《电梯维护保养手册》对电梯复位和运行检查的流程规定，通过网络查找相关资料，观看相关操作视频，通过观察和整理，总结电梯复位和运行检查的操作要点。

1. 填写电梯复位和运行流程

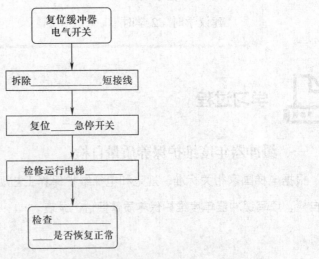

电梯复位和运行流程图

2. 填写电梯复位和运行检查子步骤操作要点表

电梯复位和运行检查子步骤操作要点表

序号	子步骤	操作要点
1	复位缓冲器电气开关	按进出底坑操作规程，进入底坑检查缓冲器电气开关是否复位
2	拆除下极限保护开关短接线	拆除下极限保护开关短接线
3	复位底坑急停开关	确认＿＿＿＿复位
4	检修运行电梯上下行	（1）电梯处于＿＿＿＿状态 （2）运行过程中执行应答制度 （3）检修运行电梯上下行，确保电梯能够正常运行
5	检查上下极限保护开关正常	（1）按＿＿＿＿操作规程，进入轿顶 （2）按下＿＿＿＿＿＿，电梯不能＿＿＿＿＿＿

三、实施电梯复位和运行检查

按照《电梯维护保养手册》中电梯复位和运行检查的内容，遵守电梯复位和运行的作业流程要求，通过检查和观察，实施缓冲器电气开关复位、底坑急停开关复位、拆除下极限保护开关短接线的作业，填写电梯复位和运行检查作业记录，评估电梯缓冲器维护保养质量。

电梯复位和运行检查作业记录表

1. 电梯复位

序号	步骤	步骤内容	完成情况
1	复位缓冲器电气开关	（1）轿厢位于＿＿＿＿＿ （2）操作人员进入底坑 （3）将缓冲器开关复位（在缓冲器为＿＿＿＿的场合，不必进行此项操作）	（1）□完成 　　□未完成 （2）□完成 　　□未完成 （3）□完成 　　□未完成
2	拆除下极限保护开关短接线	将下极限保护开关的短接线拆除	□完成 □未完成
3	复位底坑急停开关	操作人员将底坑急停开关复位	□完成 □未完成

续表

2. 电梯运行检查

序号	步骤	步骤内容	互评
1	检修运行检查	写出检查方法：	
2	上下极限保护开关检查	写出检查方法：	
3	快车运行检查	写出检查方法：	

四、6S 管理登记

按 6S 管理登记表要求，整理并清洁工具、仪器、物料和工作环境；填写缓冲器年度维护保养作业检查表，并把缓冲器年度维护保养作业检查表（使用单位联）交给电梯使用单位电梯管理人员签名确认；把工具、仪器和物料归还电梯物料仓管处，并办理归还手续；把缓冲器年度维护保养作业检查表（电梯维护保养单位联）交给电梯维护保养组长签名确认，并把缓冲器年度维护保养作业检查表（电梯维护保养单位联）交给技术档案管理部门存档。

6S 管理登记表

序号	项目内容	项目要求	完成情况	互评
1	整理并清洁工具、仪器、物料和工作环境	（1）如数收集工具、仪器并整理放置在工具箱中 （2）整理并收拾物料 （3）清理机房、底坑和相应层站 （4）清洁工作鞋底 （5）收拾安全护栏、警示牌	（1）□完成　□未完成 （2）□完成　□未完成 （3）□完成　□未完成 （4）□完成　□未完成 （5）□完成　□未完成	

续表

序号	项目内容	项目要求	完成情况	互评
2	电梯管理人员签名维护保养单	（1）电梯管理人员对维护保养质量进行评价 （2）将缓冲器年度维护保养作业检查表（使用单位联）交给电梯管理人员签名确认 （3）电梯管理人员提出其他服务要求	（1）□完成　□未完成 （2）□完成　□未完成 （3）□完成　□未完成	
3	电梯维护保养组长签名维护保养单	（1）电梯维护保养组长对维护保养质量复核 （2）将缓冲器年度维护保养作业检查表（电梯维护保养单位联）交给电梯管理人员签名确认 （3）电梯维护保养组长提出其他服务要求	（1）□完成　□未完成 （2）□完成　□未完成 （3）□完成　□未完成	
4	归还工具、仪器和物料，将文件存档	（1）将工具、仪器和物料归还，并办理手续 （2）将缓冲器年度维护保养作业检查表存档 （3）将所借阅资料归还	（1）□完成　□未完成 （2）□完成　□未完成 （3）□完成　□未完成	

互评小结：

学习活动 6　工作总结与评价

学习目标

　　1. 每组能派代表展示工作成果，说明本次任务的完成情况，进行分析总结。

　　2. 能结合任务完成情况，正确规范地撰写工作总结。

　　3. 能就本次任务中出现的问题提出改进措施。

　　4. 能对学习与工作进行反思总结，并能与他人开展良好合作，进行有效沟通。

　　建议学时　2学时

学习过程

一、个人、小组评价

　　以小组为单位，选择演示文稿、展板、海报、视频等形式中的一种或几种，向全班展示、汇报工作成果。在展示的过程中，以小组为单位进行评价；评价完成后，根据其他小组对本组展示成果的评价意见进行归纳总结。

　　汇报思路设计：

其他小组成员的评价意见：

二、教师评价

认真听取教师对本小组展示成果优缺点以及在完成任务过程中出现的亮点和不足的评价意见，并做好记录。

1. 教师对本小组展示成果优点的点评。

2. 教师对本小组展示成果缺点及改进方法的点评。

3. 教师对本小组在整个任务完成过程中出现的亮点和不足的点评。

三、工作过程回顾及总结

1. 在团队学习过程中，项目负责人给你分配了哪些工作任务？你是如何完成的？还有哪些需要改进的地方？

2. 总结完成缓冲器的维护保养学习任务过程中遇到的问题和困难，列举 2 ~ 3 点你认为比较值得和其他同学分享的工作经验。

3. 回顾学习任务的完成过程，对新学到的专业知识和技能进行归纳与整理，撰写工作总结。

工作总结

_____

_____

_____

_____

_____

_____

_____

_____

_____

_____

 评价与分析

按照客观、公正和公平的原则，在教师的指导下按自我评价、小组评价和教师评价三种方式对自己或他人在本学习任务中的表现进行综合评价。综合等级按 A（90 ~ 100）、B（75 ~ 89）、C（60 ~ 74）、D（0 ~ 59）四个级别填写在表中。

学习任务综合评价表

考核项目	评价内容	配分（分）	评价分数		
			自我评价	小组评价	教师评价
职业素养	安全防护用品穿戴完备，仪容仪表符合工作要求	5			
	安全意识、责任意识强	6			
	积极参加教学活动，按时完成各项学习任务	6			

续表

考核项目	评价内容	配分（分）	评价分数		
			自我评价	小组评价	教师评价
职业素养	团队合作意识强，善于与人交流和沟通	6			
	自觉遵守劳动纪律，尊敬师长，团结同学	6			
	爱护公物，节约材料，管理现场符合 6S 管理标准	6			
专业能力	专业知识扎实，有较强的自学能力	10			
	操作积极，训练刻苦，具有一定的动手能力	15			
	技能操作规范，遵守检修工艺，工作效率高	10			
工作成果	缓冲器的维护保养符合工艺规范，检修质量高	20			
	工作总结符合要求	10			
总　分		100			
总评	自我评价 ×20%+ 小组评价 ×20%+ 教师评价 ×60%=	综合等级	教师（签名）：		

学习任务三　钢丝绳绳头组合制作

学习目标

1. 能通过阅读钢丝绳绳头组合制作作业检查表，明确钢丝绳绳头组合制作项目。

2. 能通过阅读《电梯维护保养手册》，明确钢丝绳绳头组合制作方法、工艺要求。

3. 能确定钢丝绳绳头组合制作作业流程。

4. 能选用和检查钢丝绳绳头组合制作工具、仪器和物料，完成钢丝绳绳头组合制作前有关事项确认。

5. 能正确穿戴安全防护用品，执行钢丝绳绳头组合制作作业安全操作规程。

6. 能够通过小组合作方式，按照钢丝绳绳头组合制作作业计划表，完成钢丝绳绳头组合制作工作。

7. 能按规范检查和评估钢丝绳绳头组合制作质量，并正确填写钢丝绳绳头组合制作作业检查表。

8. 能按 6S 管理规范，整理并清洁场地，归还物品，将文件存档。

9. 能完成钢丝绳绳头组合制作工作总结与评价。

建议学时

30 学时

工作情景描述

电梯维护保养公司按合同要求需要对某小区一台 15 层 15 站 TKJ1000/1.6-JXW 有机房电梯（曳引比为 1∶1）的曳引钢丝绳进行截断维修作业。电梯维护保养工从电梯维护保养组长处领取任务，要求在 4 h 内完成钢丝绳绳头组合制作作业，完成后交付验收。

工作流程与活动

学习活动 1　明确制作任务（4 学时）

学习活动 2　确定制作流程（4 学时）

学习活动 3　制作前期准备（4 学时）

学习活动 4　制作实施（14 学时）

学习活动 5　制作质量自检（2 学时）

学习活动 6　工作总结与评价（2 学时）

学习活动 1　明确制作任务

学习目标

1. 能通过阅读电梯年度维护保养作业计划表和钢丝绳绳头组合制作作业检查表，明确钢丝绳绳头组合制作项目。

2. 熟悉钢丝绳绳头的标记方法、标记的含义、组合的方式等基本知识，明确钢丝绳绳头组合制作项目的技术标准。

建议学时　4 学时

学习过程

一、明确钢丝绳绳头组合制作项目

1. 阅读电梯年度维护保养作业计划表

电梯维护保养工从维护保养组长处领取电梯年度维护保养作业计划表，包括维护保养人、维护保养日期、地点、梯号和年检等信息，了解涉及钢丝绳绳头组合制作的项目信息。

电梯年度维护保养作业计划表

电梯管理编号	合同号	梯号		服务形式		用户名或地址			竣工日期		用户联系人		
01101080	T001					金鹰大厦某区某路 105 号					李强		
梯型	NPH	梯速（m/s）		0.63		载重（kg）	800	停站数	15	站序	北区一站		
工作项目		要求			年内次数	月份												保养者署名		
		检查	清理	调整		1	2	3	4	5	6	7	8	9	10	11	12	月	日	署名
年度检查	钢丝绳及绳头组合	√	√	√	4															

（1）电梯钢丝绳绳头组合制作项目有哪些？

（2）钢丝绳绳头组合制作项目的工作要求是什么？

（3）应什么时间实施钢丝绳绳头组合制作项目？

2. 阅读钢丝绳绳头组合制作作业检查表

查阅《电梯维护保养规则》中对钢丝绳绳头组合制作项目的规定，获取钢丝绳绳头组合制作信息，明确钢丝绳绳头组合制作任务，填写下面的钢丝绳绳头组合制作作业检查表。

钢丝绳绳头组合制作作业检查表

*1. 制作作业实施整个过程必须使用此检查表，记录下列全部项目。

*2. 此检查表需要经过审核、批准后，到下次维护保养整体设备时为止放在客户档案里保存（下次钢丝绳绳头组合制作作业完成，替换成最新版本）。

客户编号	客户名	客户电话	使用登记号	作业地址	作业实施日期

电梯型号	额定速度	额定载荷	绳头组合参数	钢丝绳参数	档案号

（1）作业前必须确认事项

序号	确认事项	确认情况	注意事项
1	作业人员是否已接受钢丝绳绳头组合制作作业培训	□是　□否	未接受培训者不得参与制作作业
2	安全操作措施是否完成	□是　□否	必须按安全操作规程规定完成
3	工具和物料是否齐全	□是　□否	必须按《电梯维护保养手册》的工具清单准备齐全

续表

序号	确认事项	确认情况	注意事项
4	与客户沟通协调是否全面	□是　□否	（1）与客户沟通了解电梯使用情况和使用要求 （2）与客户沟通协调作业时间、安全要求和备用梯情况

（2）维护保养前需确认事项

序号	确认事项	确认情况	注意事项
1	钢丝绳锈蚀状态	□是　□否	钢丝绳是否出现红斑
2	钢丝绳松股状态	□是　□否	钢丝绳是否出现爆裂松散
3	钢丝绳断丝状态	□是　□否	钢丝绳是否出现股丝断裂
4	钢丝绳表面状态	□是　□否	钢丝绳运行是否湿滑
5	绳头组合螺杆螺纹状态	□是　□否	螺纹是否正常
6	钢丝绳静载荷	□是　□否	静载荷是否达标
7	套筒结构状态	□是　□否	绳头是否松动
8	套筒连接处状态	□是　□否	连接处是否出现红斑
9	其他问题	□是　□否	

（3）重要参数记录

序号	确认事项	确认情况	参数记录
1	钢丝绳的公称直径	□是　□否	
2	钢丝绳的表面状态	□是　□否	
3	钢丝绳的结构形式	□是　□否	
4	钢丝绳的绳芯结构	□是　□否	
5	钢丝绳的强度	□是　□否	
6	钢丝绳的股数和每股钢丝数	□是　□否	
7	钢丝绳的捻向	□是　□否	

（4）作业后需确认事项

序号	确认事项	确认情况	注意事项
1	钢丝绳锈蚀状态	□是　□否	钢丝绳是否出现红斑
2	钢丝绳松股状态	□是　□否	钢丝绳是否出现爆裂松散

续表

序号	确认事项	确认情况	注意事项
3	钢丝绳断丝状态	□是　□否	钢丝绳是否出现股丝断裂
4	钢丝绳表面状态	□是　□否	钢丝绳运行是否湿滑
5	绳头组合螺杆螺纹状态	□是　□否	螺纹是否正常
6	钢丝绳静载荷	□是　□否	静载荷是否达标
7	套筒结构状态	□是　□否	绳头是否松动
8	套筒连接处状态	□是　□否	连接处是否出现红斑

根据本次制作作业情况，需要机械安装部门安装过程中注意的事项：

维护保养员		维护保养组长	
使用单位			年　月　日
存档			年　月　日

3. 填写钢丝绳绳头组合制作信息表

在阅读电梯年度维护保养作业计划表和钢丝绳绳头组合制作作业检查表要点后，填写钢丝绳绳头组合制作信息表。

钢丝绳绳头组合制作信息表

（1）工作人员信息

维护保养人		维护保养日期	

（2）电梯基本信息

电梯管理编号		电梯型号	
用户单位		用户地址	
联系人		联系电话	

（3）工作内容

序号	制作项目	序号	制作项目
1	确定钢丝绳的公称直径	3	
2	确定钢丝绳的表面状态	4	确定钢丝绳的绳芯结构

续表

序号	制作项目	序号	制作项目
5	确定钢丝绳的强度	8	确定绳头组合状态
6			
7	确定钢丝绳的捻向		

二、认识钢丝绳绳头组合

通过查阅电梯构造等相关书籍以及查找网络资源等方式，获取钢丝绳绳头的标记方法、标记的含义、组合的方式等基本知识，为后期钢丝绳绳头组合制作作业提供理论依据。

1. 查阅《电梯结构与原理》《电梯设备施工技术手册》等相关书籍，参考电梯用钢丝绳标记方法，写出电梯用钢丝绳的标记含义。

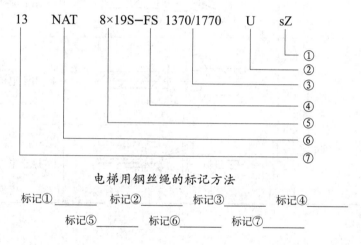

电梯用钢丝绳的标记方法

标记①_____　标记②_____　标记③_____　标记④_____

标记⑤_____　标记⑥_____　标记⑦_____

2. 根据电梯用钢丝绳的标记方法，写出钢丝绳 13 NAT 8 × 19S–FS 1370/1770 U sZ 参数的含义。

3. 查阅《电梯结构与原理》《电梯设备施工技术手册》等相关书籍，写出表中钢丝绳绳头组合方式的名称。

绳头组合方式

序号	组合方式	图例	应用说明
1			应用在限速器钢丝绳与安全钳联动机构的连接
2			用于杂物电梯曳引绳头组合
3			用于杂物电梯曳引绳头组合
4			用于电梯曳引绳头组合
5			用于电梯曳引绳头组合

学习活动 2　确定制作流程

学习目标

1. 明确钢丝绳绳头组合日常维护保养内容和参数检查方法。

2. 能通过查阅《电梯维护保养手册》，明确钢丝绳绳头组合制作工具、仪器和物料需求。

3. 能通过与电梯管理人员沟通，明确钢丝绳绳头组合制作时间、工作环境要求和安全措施。

4. 能结合被维护保养电梯实际情况，根据电梯相关国家标准和《电梯维护保养手册》，确定钢丝绳绳头组合制作作业流程。

建议学时　4学时

学习过程

一、认识钢丝绳绳头组合的日常维护保养内容

根据钢丝绳绳头组合制作作业检查表的要点，查阅电梯构造书籍和《电梯维护保养手册》，查看被维护保养电梯的钢丝绳绳头组合，明确钢丝绳绳头组合日常维护保养内容。

钢丝绳绳头组合的维护保养主要是检查、清理和调整等作业，请查阅相关资料，明确下列维护保养内容。

1. 每半月检查钢丝绳绳头组合运行有无_____。

2. 每半月检查钢丝绳是否润滑合适，干燥时加_____机油。

3. 每季度检查钢丝绳有无失效，若出现钢丝绳伸长量_____，并伴有在

一个捻距内每天都有＿＿＿＿＿＿＿＿＿，应更换。

4. 每半年检查断丝在各绳股之间均布，并在一个捻距内的最大断丝数超过＿＿＿＿＿＿根，此时应更换钢丝绳。

5. 每半年检查断丝集中在一个或两个绳股中，并在一个捻距内的最大断丝数超过＿＿＿＿＿＿＿根，此时应更换钢丝绳。

6. 每半年检查钢丝绳磨损后其直径不大于原直径的＿＿＿＿＿＿＿＿＿＿＿＿，此时需更换钢丝绳。

7. 每半年检查全部钢丝绳所受的张力保持均衡情况，其相互的差别一般应不超过＿＿＿＿＿＿＿＿＿。

8. 每半年检查钢丝绳绳头组合是否出现＿＿＿＿＿＿＿＿等情况，若出现需更换钢丝绳。

二、了解钢丝绳的参数检查方法

钢丝绳的重要参数对钢丝绳绳头组合功能有重要影响，查阅相关资料，填写钢丝绳的参数检查方法。

1. 钢丝绳张力判断方法有测量弹簧高度法、拉秤测量法和锤击法。

测量弹簧高度法是测量调整轿厢和对重各组的绳头弹簧高度，使其一致，高度允许误差不可大于＿＿＿＿＿＿＿＿＿。

拉秤测量法是在电梯检修状态运行，将轿厢停于井道高度＿＿＿＿＿＿＿＿＿的位置，站在轿顶的测量人员用＿＿＿＿＿＿＿＿＿的弹簧拉秤将对重侧各曳引钢丝绳横拉出同等距离，测量得到张力值误差不大于＿＿＿＿＿＿＿＿＿。

锤击法是将轿厢置于中间层站，在轿厢上方＿＿＿＿＿＿＿＿＿处以相同的力用橡胶锤对每根钢丝绳进行侧向敲击，使其产生振动，测定每根钢丝绳往返＿＿＿＿＿＿＿＿次所需的时间，其误差应控制在＿＿＿＿＿＿＿＿＿。

2. 检查钢丝绳的润滑情况时，需用手触摸钢丝绳，感知是否＿＿＿＿＿＿＿＿即可。

3. 检查有无断股时可通过表面观察，用＿＿＿＿＿＿＿＿围在曳引钢丝绳外围，再合上电梯电源，检修运行一次，当有断丝时，会把棉丝挂住。

4. 检查钢丝绳有无锈蚀时观看曳引钢丝绳已经＿＿＿＿＿＿＿＿；外层绳股之间间隙＿＿＿＿＿＿＿＿＿；用小锤轻敲钢丝绳，有＿＿＿＿＿＿＿＿，说明内部有锈蚀；外面有＿＿＿＿＿＿＿＿＿，表明外部有锈蚀；能较方便地把钢丝绳绳股与绳股＿＿＿＿＿＿＿＿，说明股与股之间、丝与丝之间有锈蚀现象。

5. 检查钢丝绳绳头组合装置有无损坏时，维护保养人员站在电梯轿顶上，操作电梯由顶层向底层慢速运行，当电梯的轿顶与对重对齐时停下，检查钢丝绳绳头与对重和轿厢组合部分的连接情况，零件有无＿＿＿＿＿＿＿＿＿＿、螺母有无＿＿＿＿＿＿＿＿＿＿、开口销是否＿＿＿＿＿＿＿＿、绳头弹簧有无＿＿＿＿＿＿＿＿，电梯在运行过程中有无相互碰撞产生异响。

6. 定期用游标卡尺测量曳引钢丝绳直径，并算出磨损和腐蚀情况的＿＿＿＿＿＿＿＿。

三、明确钢丝绳绳头组合制作工具、仪器和物料需求

查阅《电梯维护保养手册》，明确钢丝绳绳头组合制作对工具、仪器和物料的需求，并填写钢丝绳绳头组合制作工具、仪器和物料需求表。

钢丝绳绳头组合制作工具、仪器和物料需求表

序号	名称（是否选用）	数量	规格	序号	名称（是否选用）	数量	规格
1	安全帽 （□是　□否）	2个		11	油漆扫（大、小） （□是　□否）	1把	
2	工作服 （□是　□否）	2套		12	刮刀 （□是　□否）	1把	
3	铁头安全鞋 （□是　□否）	2双		13	手电筒 （□是　□否）	1个	
4	安全带 （□是　□否）	2条		14	砂纸 （□是　□否）	若干	
5	便携工具箱 （□是　□否）	1个		15	地槛清洁专用铲 （□是　□否）	1个	
6	工具便携袋 （□是　□否）	2个		16	干粉灭火器 （□是　□否）	1个	
7	维修标志 （严禁合闸） （□是　□否）	1块		17	直尺 （□是　□否）	1个	
8	防护垫 （□是　□否）	1块		18	吹风机 （□是　□否）	1个	
9	层门止动胶 （□是　□否）	2块		19	砂轮切割机 （□是　□否）	1台	
10	洁净抹布 （□是　□否）	适量		20	加热装置 （□是　□否）	1套	

续表

序号	名称（是否选用）	数量	规格	序号	名称（是否选用）	数量	规格
21	弹簧拉秤（□是　□否）	1个		35	胶锤（□是　□否）	1个	
22	百分表及支架（□是　□否）	1套		36	注油壶（□是　□否）	1个	
23	万用表（□是　□否）	1台		37	油性笔（□是　□否）	1支	
24	棉纱（□是　□否）	1块		38	钢丝绳（□是　□否）	1根	
25	卡簧钳（□是　□否）	1个		39	锥形套筒（□是　□否）	1个	
26	铁勺（□是　□否）	1个		40	防火胶带（□是　□否）	1卷	
27	塞尺组件（□是　□否）	1个		41	铁丝（□是　□否）	30条	
28	层门专用塞板（□是　□否）	1套		42	内六角扳手（□是　□否）	1套	
29	一字旋具（□是　□否）	1个		43	巴氏合金（□是　□否）	1块	
30	钢丝钳（□是　□否）	1个		44	磁力线坠（□是　□否）	1个	
31	斜口钳（□是　□否）	1个		45	兆欧表（□是　□否）	1台	
32	尖嘴钳（□是　□否）	1个		46	维修标志（维护保养中）（□是　□否）	1块	
33	活扳手（□是　□否）	1把		47	温度计（□是　□否）	1个	
34	呆扳手（□是　□否）	1套					

四、与电梯使用管理人沟通协调

查阅钢丝绳绳头组合制作作业检查表，就被维护保养电梯名称、工作时间、维护保养内容、实施人员、需要物业配合的内容等与电梯管理人员进行沟通，填写钢丝绳绳头组合制作沟通信息表，并告知物业管理人员钢丝绳绳头组合制作任务，保障钢丝绳绳头组合制作工作顺利开展。

钢丝绳绳头组合制作沟通信息表

1. 基本信息

用户单位		用户地址	
联系人		联系电话	
沟通方式	□电话 □面谈 □电子邮件 □传真 □其他		

2. 沟通内容

电梯管理编号		电梯代号	
维护保养日期	年 月 日 时 分至 年 月 日 时 分		
电梯使用情况	1. 平层情况：□正常 □不正常 2. 启动情况：□正常 □不正常 3. 制动情况：□正常 □不正常 4. 开关门情况：□正常 □不正常		
维护保养内容	钢丝绳绳头组合制作 已告知□ 未告知□		
物业管理单位配合内容	1. 在显眼位置粘贴"钢丝绳绳头组合制作告示书" □已告知 □未告知 2. 确认备用梯 □确认 □未确认 3. 物业管理跟进人员 □确认 □未确认 4. 物业管理处的安全紧急预案 □确认 □未确认 5. 物业管理处对维护保养作业环境要求：		

五、明确钢丝绳绳头组合制作作业流程

查阅《电梯维护保养手册》、钢丝绳绳头组合制作作业检查表、《电梯制造与安装安全规范》（GB 7588—2003）的"9.1 悬挂装置"、《电梯技术条件》（GB/T 10058—2009）的"3.12 悬挂装置"、《电梯安装验收规范》（GB/T 10060—2011）的"5.5 悬挂与补偿装置"、《电梯试验方法》（GB/T 10059—2009）的"5.9 悬挂端接装置"和电梯生产厂家对钢丝绳绳头组合制作要求，小组配合完成钢丝绳绳头组合制作作业流程表的填写。

钢丝绳绳头组合制作作业流程表

1. 工作人员信息

维护保养人		维护保养日期	

2. 电梯基本信息

电梯管理编号		电梯型号	
用户单位		用户地址	
联系人		联系电话	

3. 近期钢丝绳绳头维护保养记录

序号	维护保养项目	维护保养要求	维护保养记录	维护保养效果
1	钢丝绳直径	直径误差不小于0.1 mm		□符合 □不符合
2	钢丝绳张力	张力偏差5% ~ 10%		□符合 □不符合
3	钢丝绳结构	表面无锈蚀，无断丝		□符合 □不符合
4	绳头组合结构	绳头组合无锈蚀、松动		□符合 □不符合
5	已更换部件			

4. 钢丝绳绳头组合制作作业流程

作业顺序	作业项目	主要内容	主要安全措施
第一步	准备工作		
第二步	制作前有关事项确认		
第三步	挂钢丝绳		
第四步	切断钢丝绳		
第五步	绑扎铁丝		
第六步	制作绳花		
第七步	绳头入锥套		
第八步	浇灌巴氏合金		
第九步	钢丝绳张力试验		
第十步	钢丝绳绳头组合静载试验		
第十一步	快车运行平层准确度检查		

学习活动 3　制作前期准备

学习目标

　　1. 熟悉钢丝绳绳头组合制作用物料的特性及常用工具的使用方法等。

　　2. 能领取和检查钢丝绳绳头组合制作工具、仪器和物料。

　　3. 能通过小组讨论明确钢丝绳绳头组合制作作业危险因素和应对措施。

　　4. 能以小组合作的方式完成钢丝绳绳头组合制作作业前有关事项确认。

　　建议学时　4学时

学习过程

一、认识巴氏合金和砂轮切割机

1. 认识巴氏合金

（1）巴氏合金用于钢丝绳与锥形套筒之间的固定，根据钢丝绳绳头组合的工作特性，巴氏合金应具备（　　　）的特性。

　A. 热稳定性好　　B. 嵌藏性好　　C. 顺应性　　D. 降低摩擦因数　　E. 抗咬合

（2）判断下列关于巴氏合金的说法是否正确。

1）巴氏合金是一种软基体上分布着硬颗粒相的低熔点轴承合金。（　　　）

2）巴氏合金软基体内凹，硬质点外凸，使滑动面之间形成微小间隙，成为储油空间和润滑油通道，有利于减少摩擦；外凸的硬质点起支撑作用，有利于承载。（　　　）

2. 认识砂轮切割机

（1）砂轮切割机是一种切割加工材料的机械工具，它可对金属方扁管、方扁钢、工字钢、槽型钢、圆管等材料进行切割。

（2）根据砂轮切割机的结构图，指出砂轮切割机的主要组成是：＿＿＿＿＿＿＿＿＿＿＿＿。

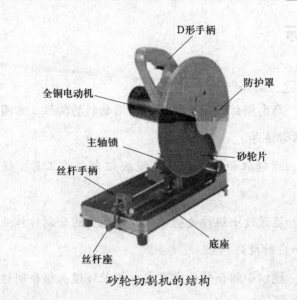

砂轮切割机的结构

（3）砂轮切割机的操作规程

1）工作前必须穿戴好安全防护用品，检查设备是否有合格的接地线。

2）要检查并确认砂轮切割机是否完好，＿＿＿＿＿＿＿＿是否有裂纹缺陷，禁止使用带"病"设备和不合格的砂轮片。

3）切料时不可用力过猛或突然撞击，遇到有异常情况要立即关闭＿＿＿＿＿＿＿＿。

4）被切割的材料要用台钳夹紧，不准一人扶料一人切料，并且在切料时人必须站在砂轮片的＿＿＿＿＿＿＿＿＿。

5）更换砂轮片时，要待设备停稳后进行，并要对砂轮片进行检查确认。

6）操作中，机架上不准存放工具和其他物品。

7）砂轮切割机应放在平稳的地面上，远离易燃物品，电源线应接＿＿＿＿＿＿＿＿。

8）砂轮切割片应按要求安装，试启动运转应平稳，方可开始工作。

9）卡紧装置应安全可靠，以防＿＿＿＿＿＿＿＿出现意外。

10）切割时操作人员应＿＿＿＿＿＿＿＿切割并避开切割片正面，防止因操作不当切割片打碎发生事故。

11）工作完毕应擦拭砂轮切割机表面灰尘，清理工作场所，露天存放应有＿＿＿＿＿＿。

二、领取和检查钢丝绳绳头组合制作工具、仪器和物料

1. 领取钢丝绳绳头组合制作工具、仪器和物料

查询钢丝绳绳头组合制作工具、仪器和物料需求表，与电梯物料仓管人员沟通，从电梯物料仓管处领取相关工具、仪器和物料。小组合作核对工具、仪器和物料的规格、数量，并填写钢丝绳绳头组合制作工具、仪器和物料清单，为工具、仪器和物料领取提供凭证。

钢丝绳绳头组合制作工具、仪器和物料清单

维护保养人			时间			
用户单位			用户地址			
序号	名称	规格	数量	领取人签名	归还人签名	归还检查
1	洁净抹布		1 块			□完好　□损坏
2	砂纸		2 张			□完好　□损坏
3	油性笔		1 支			□完好　□损坏
4	防护垫		1 块			□完好　□损坏
5	钢丝钳		1 个			□完好　□损坏
6	砂轮切割机		1 台			□完好　□损坏
7	加热装置		1 套			□完好　□损坏
8	干粉灭火器		1 个			□完好　□损坏
9	铁勺		1 个			□完好　□损坏
10	胶锤		1 个			□完好　□损坏
11	钢丝绳		1 根			□完好　□损坏
12	铁丝		若干			□完好　□损坏
13	锥形套筒		1 个			□完好　□损坏
14	巴氏合金		1 块			□完好　□损坏

续表

序号	名称	规格	数量	领取人签名	归还人签名	归还检查
15	弹簧拉秤		1个			□完好　□损坏
16	防火胶带		1卷			□完好　□损坏

管理人员发放签名：　　　　　　　　　　维护保养人员领取签名：

日期：　年　月　日　　　　　　　　　日期：　年　月　日

管理人员验收归还物品签名：

日期：　年　月　日

2. 检查钢丝绳绳头组合制作工具、仪器和物料

根据钢丝绳绳头组合制作工具、仪器和物料清单，对钢丝绳绳头组合制作的重点工具、仪器和物料进行检查。

钢丝绳绳头组合制作重点工具、仪器和物料检查表

序号	名称	检查标准	检查结果
1	砂轮切割机	（1）外观良好，无损坏 （2）接地装置牢固 （3）砂轮无损坏	□正常 □不正常
2	弹簧拉秤	（1）外观良好，无损坏 （2）零件齐全 （3）正常归零	□正常 □不正常
3	加热装置	（1）外观良好，无损坏 （2）喷管无老化	□正常 □不正常
4	巴氏合金	无变色，无氧化	□正常 □不正常
5	干粉灭火器	气压正常	□正常 □不正常

三、钢丝绳绳头组合制作作业危险因素及实施前有关事项确认

1. 确定主要作业危险因素及应对措施

查阅《电梯维护保养手册》对钢丝绳绳头组合制作作业的安全措施规定，以小组合作的方式对安全措施进行分析、总结，罗列钢丝绳绳头组合制作主要危险因素，确定钢丝绳绳头组合制作主要危险因素的应对措施，填写作业现场危险预知活动报告书，提高维护保养作业人员安全意识。

作业现场危险预知活动报告书

日期	作业现场名称	作业单位	作业内容	组织者（作业长）	检查员或保养站长确认

一、身体状况确认	
二、安全防护用具检查	□安全帽　□安全带　□安全鞋　□作业服

三、危险要因及对策

序号	危险要因及对策	提出人
1	危险要因： 对策：	
2	危险要因： 对策：	
3	危险要因： 对策：	
4	危险要因： 对策：	

四、小组行动目标	
五、参与人员签名	

2. 确认实施钢丝绳绳头组合制作前有关事项

按照《电梯维护保养手册》的钢丝绳绳头组合制作前安全措施规定和工作状态检查项目内容，核对钢丝绳绳头组合类型和设置安全护栏，确认照明、通信装置、主电源开关和急停开关功能正常，填写钢丝绳绳头组合制作实施前确认事项表。

钢丝绳绳头组合制作实施前确认事项表

序号	项目	操作简图	项目内容	完成情况
1	告知电梯管理人员		确认在显眼位置张贴钢丝绳绳头组合制作作业告示书	□完成 □未完成
			确认备用电梯正确使用	□完成 □未完成
			确认发生安全事故处理办法	□完成 □未完成
2	设置安全护栏和警示牌		在下端站层门设置安全护栏和警示牌	□完成 □未完成
			在基站层门设置安全护栏和警示牌	□完成 □未完成
			在上端站层门设置安全护栏和警示牌	□完成 □未完成
3	安全操作规范		进行切割机操作时人、电分离，站位正确	□完成 □未完成
			进行熔化巴氏合金操作时注意用火安全，配备干粉灭火器	□完成 □未完成
			进行煤气点火操作时排尽煤气管内空气	□完成 □未完成
			进行浇灌巴氏合金操作时注意用火安全，配备干粉灭火器	□完成 □未完成

学习活动 4　制 作 实 施

学习目标

1. 认识钢丝绳绳头组合制作作业。

2. 能正确实施钢丝绳放气操作。

3. 能对钢丝绳进行防松处理，用卷尺量取钢丝绳长度，对钢丝绳进行切断操作。

4. 能对钢丝绳进行绑扎防松带操作。

5. 能对钢丝绳进行编制绳花操作。

6. 能对钢丝绳进行绳头入锥套操作。

7. 能对钢丝绳进行浇灌巴氏合金操作。

建议学时　14学时

学习过程

一、认识钢丝绳绳头组合制作作业

查阅《电梯维护保养手册》对钢丝绳绳头组合制作的规定，通过网络查找相关资料，观看相关操作视频，通过观察和整理，总结钢丝绳绳头组合制作的操作要点。

1. 钢丝绳绳头组合制作装置

电梯的绳头组合装置是将＿＿＿＿＿＿和穿过了＿＿＿＿＿＿连接起来。

2. 填写钢丝绳绳头组合制作流程

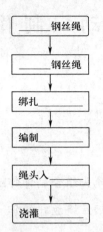

钢丝绳绳头组合制作流程

3. 填写钢丝绳绳头组合制作子步骤操作要点表

钢丝绳绳头组合制作子步骤要点表

序号	子步骤	操作要点
1	钢丝绳放气	（1）勿使钢丝绳_____ （2）缓慢放开钢丝绳，不允许_____
2	切断钢丝绳	先用_____测量钢丝绳长度，后用_____切断钢丝绳
3	绑扎防松带	（1）把铁丝折成_____嵌入_____ （2）用_____拉紧，_____测量防松带长度
4	编制绳花	_____弯折绳股，用钢尺测量_____及_____的平齐度
5	绳头入锥套	（1）用钢尺测量钢丝绳_____凸出锥套口长度及平整误差 （2）当钢丝绳绳花全部拉入后，_____绝大部分应露出锥体小端
6	浇灌巴氏合金	（1）将巴氏合金加热至_____，去浮渣 （2）把锥套预热到_____ （3）锥套_____垂直固定，并在_____处缠上布条或棉纱 （4）巴氏合金溶液_____注入锥套，浇灌面应高出锥孔_____

二、实施钢丝绳绳头组合制作作业

按照《电梯维护保养手册》中钢丝绳绳头组合制作的内容，遵守钢丝绳绳头组合制作作业流程要求，实施切断钢丝绳操作、绑扎防松带、编制绳花、绳头入锥套、浇灌巴氏合金的作业，填写钢丝绳绳头组合制作作业记录表，确认钢丝绳绳头组合功能符合使用要求。

钢丝绳绳头组合制作作业记录表

序号	制作主要流程项目	工艺流程	工艺要求	安全操作要求	过程记录（主要参数）
1	切断钢丝绳	钢丝绳放气	（1）自然放直 （2）表面清洁	勿夹伤手指和扭伤手臂	
		切割钢丝绳	（1）端口平整 （2）钢丝绳不出现散股	（1）人、电分离 （2）遵守切割机安全操作要求	
2	绑扎防松带	铁丝环绕		戴好手套，防止扎伤手指	
3	编制绳花	松开绳股	无散股	戴好手套，防止扎伤手指	
		编花			
4	绳头入锥套	绳花拉入锥套		戴好手套，防止扎伤手指	

序号	制作主要流程项目	工艺流程	工艺要求	安全操作要求	过程记录（主要参数）
5	浇灌巴氏合金	煤气喷枪点火		排尽煤气管中空气	
		熔化巴氏合金		高温，防止烫伤	
		浇灌巴氏合金		戴好手套，缓慢灌入	
6	评估报告	（1） （2） （3） （4）			

学习活动 5　制作质量自检

学习目标

1. 能以小组合作的方式，根据电梯国家相关标准、规范和《电梯维护保养手册》规定，进行钢丝绳绳头组合制作质量自检。

2. 能以小组合作的方式，遵守安全操作规范，正确实施电梯复位操作。

3. 能以小组合作的方式，遵守安全操作规范，正确实施电梯运行检查。

4. 能正确填写钢丝绳绳头组合制作作业检查表，并交付电梯管理人员和电梯维护保养组长。

5. 能按 6S 管理规范，整理并清洁工具、仪器、物料和工作环境，归还工具、仪器和物料，将钢丝绳绳头组合制作作业检查表存档。

建议学时　2 学时

学习过程

一、钢丝绳绳头组合制作质量自检

根据电梯国家相关标准、规范和《电梯维护保养手册》规定，进行钢丝绳绳头组合制作质量自检，填写钢丝绳绳头组合制作质量评估记录表。

钢丝绳绳头组合制作质量评估记录表

1. 电梯型号：
2. 钢丝绳绳头类型：
3. 钢丝绳绳头组合制作作业时间：

序号	评估项目	项目情况记录		有关规定	评估结果	评价
		制作前	制作后			
1	巴氏合金与套筒端口位置	超出____mm	超出____mm			
2	巴氏合金与套筒是否牢固	□是　□否	□是　□否			
3	钢丝绳拉力是否正常	□是　□否	□是　□否			
4	钢丝绳是否有散股	□是　□否	□是　□否			
5	钢丝绳是否有断丝	□是　□否	□是　□否			
6	检修运行电梯时轿厢是否有振动	□是　□否	□是　□否			

根据上述项目的情况记录和结果判断，本次钢丝绳绳头组合制作质量评估结果是：

签名：　　　　　日期：

二、认识电梯复位和运行检查

查阅《电梯维护保养手册》对电梯复位和电梯运行检查的流程规定，通过网络查找相关资料，观看相关操作视频，通过观察和整理，总结钢丝绳张力重要参数检测、静载试验流程、电梯平层准确度检测的操作要点及电梯复位和运行检查。

1. 钢丝绳张力重要参数检测

根据_____规定，钢丝绳张力误差不大于_____。

电梯检修运行时，将轿厢停于井道高度_____的位置，站在轿顶的测量人员用_____将对重侧各曳引钢丝绳横拉出同等距离，测量得到张力值。

2. 填写静载试验流程

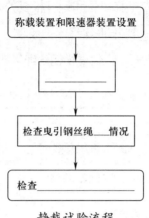

静载试验流程

3. 电梯平层准确度检测

《电梯安装验收规范》（GB/T 10060—2011）对电梯平层误差允许范围是 ±10 mm。

（1）电梯空载并处于正常运行状态。

（2）从下端站向上端站运行和从上端站向下端点运行，测量轿厢运行至下端站平层误差是_____mm、轿厢运行至中间楼层（运行方向是上）平层误差是_____mm、轿厢运行至中间楼层（运行方向是下）平层误差是_____mm、轿厢运行至上端站平层误差是_____mm。

4. 填写电梯复位和运行检查子步骤操作要点表

电梯复位和运行检查子步骤操作要点表

序号	子步骤	操作要点
1	钢丝绳张力检测	（1）电梯处于_____状态 （2）电梯运行至_____ （3）通过_____测量张力值
2	静载试验	（1）轿厢位置是_____ （2）轿厢载重是_____额定载重，并且_____分布 （3）装载砝码后，检查_____误差 （4）关闭层门_____min，检查_____误差
3	平层准确度试验	（1）电梯处于_____状态 （2）测量_____、_____的平层准确度

三、实施电梯复位和运行检查

按照《电梯维护保养手册》中电梯复位和运行检查的内容，遵守电梯复位和静载试验作业流程要求，通过检查和观察，实施钢丝绳张力检测、静载试验、平层准确度试验等，填写电梯复位和运行检查作业记录表，评估电梯钢丝绳绳头组合制作质量。

电梯复位和运行检查作业记录表

1. 电梯复位

序号	步骤	步骤内容	完成情况
1	轿厢复位	用机械松闸方式盘车，将轿厢移至_____位置	□完成　□未完成
2	缓冲器开关和轿内急停开关复位	（1）操作人员进入底坑 （2）将缓冲器开关复位（在缓冲器为_____的场合，不必进行此项操作） （3）操作人员用机械钥匙打开顶层层门，确认轿厢在_____时，进入轿厢 （4）确认轿内的检修开关拨向_____状态，复位急停开关	（1）□完成　□未完成 （2）□完成　□未完成 （3）□完成　□未完成 （4）□完成　□未完成
3	通过通电检查制动器动作情况	（1）机房恢复电梯电源 （2）轿厢人员使电梯在最顶层检修运行 （3）机房人员检查制动器的制动情况： 1）运行时，制动衬片是否触及制动轮而发出_____ 2）检测开关_____，如不良，则调整	（1）□完成　□未完成 （2）□完成　□未完成 （3）□完成　□未完成
4	检查上极限保护开关正常	（1）轿厢位于_____ （2）按_____操作规程，进入轿顶 （3）轿顶_____运行电梯至上极限开关处 （4）按下上极限开关 （5）急停开关复位，按下_____或者_____，电梯都不能运行	（1）□完成　□未完成 （2）□完成　□未完成 （3）□完成　□未完成 （4）□完成　□未完成 （5）□完成　□未完成

2. 电梯运行检查

序号	步骤	步骤内容	组内互评
1	检修下行制动检查	写出检查方法：	

续表

序号	步骤	步骤内容	组内互评
2	静载150%试验	写出试验方法：	
3	快车运行检查	写出检查方法：	

四、6S 管理登记

按 6S 管理登记表要求，整理并清洁工具、仪器、物料和工作环境；填写钢丝绳绳头组合制作作业检查表并把钢丝绳绳头组合制作作业检查表（使用单位联）交给电梯使用单位电梯管理人员签名确认；把工具、仪器和物料归还电梯物料仓管处，并办理归还手续；把钢丝绳绳头组合制作作业检查表（电梯维护保养单位联）交给电梯维护保养组长签名确认，并且把钢丝绳绳头组合制作作业检查表（电梯维护保养单位联）交给技术档案管理部门存档。

6S 管理登记表

序号	项目内容	项目要求	完成情况		互评
1	整理并清洁工具、仪器、物料和工作环境	（1）如数收集工具、仪器并整理放置在工具箱中	（1）□完成	□未完成	
		（2）整理并收拾物料	（2）□完成	□未完成	
		（3）清理机房、底坑和相应层站	（3）□完成	□未完成	
		（4）清洁工作鞋底	（4）□完成	□未完成	
		（5）收拾安全护栏、警示牌	（5）□完成	□未完成	
2	电梯管理人员签名维护保养单	（1）电梯管理人员对维护保养质量进行评价	（1）□完成	□未完成	
		（2）将钢丝绳绳头组合制作作业检查表（使用单位联）交给电梯管理人员签名确认	（2）□完成	□未完成	
		（3）电梯管理人员提出其他服务要求	（3）□完成	□未完成	

序号	项目内容	项目要求	完成情况		互评
3	电梯维护保养组长签名维护保养单	（1）电梯维护保养组长对维护保养质量进行复核	（1）□完成	□未完成	
		（2）将钢丝绳绳头组合制作作业检查表（电梯维护保养单位联）交给电梯管理人员签名确认	（2）□完成	□未完成	
		（3）电梯维护保养组长提出其他服务要求	（3）□完成	□未完成	
4	归还工具、仪器和物料，将文件存档	（1）将工具、仪器和物料归还，并办理手续	（1）□完成	□未完成	
		（2）将钢丝绳绳头组合制作作业检查表存档	（2）□完成	□未完成	
		（3）将所借阅资料归还	（3）□完成	□未完成	
互评小结：					

学习活动 6　工作总结与评价

学习目标

1. 每组能派代表展示工作成果，说明本次任务的完成情况，进行分析总结。

2. 能结合任务完成情况，正确规范地撰写工作总结。

3. 能就本次任务中出现的问题提出改进措施。

4. 能对学习与工作进行反思总结，并能与他人开展良好合作，进行有效沟通。

建议学时　2学时

学习过程

一、个人、小组评价

以小组为单位，选择演示文稿、展板、海报、视频等形式中的一种或几种，向全班展示、汇报工作成果。在展示的过程中，以小组为单位进行评价；评价完成后，根据其他小组对本组展示成果的评价意见进行归纳总结。

汇报思路设计：

其他小组成员的评价意见：

二、教师评价

认真听取教师对本小组展示成果优缺点以及在完成任务过程中出现的亮点和不足的评价意见，并做好记录。

1. 教师对本小组展示成果优点的点评。

2. 教师对本小组展示成果缺点及改进方法的点评。

3. 教师对本小组在整个任务完成过程中出现的亮点和不足的点评。

三、工作过程回顾及总结

1. 在团队学习过程中，项目负责人给你分配了哪些工作任务？你是如何完成的？还有哪些需要改进的地方？

2. 总结完成钢丝绳绳头组合制作学习任务过程中遇到的问题和困难，列举 2 ～ 3 点你认为比较值得和其他同学分享的工作经验。

3. 回顾学习任务的完成过程，对新学到的专业知识和技能进行归纳与整理，撰写工作总结。

工作总结

评价与分析

按照客观、公正和公平的原则，在教师的指导下按自我评价、小组评价和教师评价三种方式对自己或他人在本学习任务中的表现进行综合评价。综合等级按 A（90～100）、B（75～89）、C（60～74）、D（0～59）四个级别填写在表中。

学习任务综合评价表

考核项目	评价内容	配分（分）	评价分数		
			自我评价	小组评价	教师评价
职业素养	安全防护用品穿戴完备，仪容仪表符合工作要求	5			
	安全意识、责任意识强	6			
	积极参加教学活动，按时完成各项学习任务	6			
	团队合作意识强，善于与人交流和沟通	6			
	自觉遵守劳动纪律，尊敬师长，团结同学	6			
	爱护公物，节约材料，管理现场符合 6S 管理标准	6			
专业能力	专业知识扎实，有较强的自学能力	10			
	操作积极，训练刻苦，具有一定的动手能力	15			
	技能操作规范，遵守检修工艺，工作效率高	10			
工作成果	钢丝绳绳头组合制作符合工艺规范，检修质量高	20			
	工作总结符合要求	10			
总　　分		100			
总评	自我评价 ×20%＋小组评价 ×20%＋教师评价 ×60%＝	综合等级		教师（签名）：	

学习任务四 限速器和安全钳的维护保养

 **学习目标**

　　1. 能通过阅读限速器和安全钳年度维护保养作业检查表，明确限速器和安全钳年度维护保养项目。

　　2. 能通过阅读《电梯维护保养手册》，明确限速器和安全钳年度维护保养方法、工艺要求。

　　3. 能确定限速器和安全钳年度维护保养作业流程。

　　4. 能选用、检查限速器和安全钳年度维护保养工具、仪器和物料，完成限速器和安全钳年度维护保养前有关事项确认。

　　5. 能正确穿戴安全防护用品，执行限速器和安全钳年度维护保养作业安全操作规程。

　　6. 能通过小组合作方式，按照限速器和安全钳年度维护保养作业计划表，完成限速器和安全钳的年度维护保养工作。

　　7. 能按规范检查、评估限速器和安全钳年度维护保养质量，并正确填写限速器和安全钳年度维护保养作业检查表。

　　8. 能按 6S 管理规范，整理并清洁场地，归还物品，将文件存档。

　　9. 能完成限速器和安全钳年度维护保养工作总结与评价。

建议学时

40 学时

工作情景描述

电梯维护保养公司按合同要求需要对某小区一台三层三站 TKJ800/0.63–JX 有机房电梯（曳引比 1∶1）的重要安全部件进行年度维护保养作业。电梯维护保养工从电梯维护保养组长处领取任务，要求在 4 h 内完成电梯限速器和安全钳年度维护保养作业，完成后交付验收。

工作流程与活动

学习活动 1　明确维护保养任务（4 学时）

学习活动 2　确定维护保养流程（6 学时）

学习活动 3　维护保养前期准备（6 学时）

学习活动 4　维护保养实施（20 学时）

学习活动 5　维护保养质量自检（2 学时）

学习活动 6　工作总结与评价（2 学时）

学习活动 1　明确维护保养任务

学习目标

> 1. 能通过阅读电梯年度维护保养作业计划表以及限速器和安全钳年度维护保养作业检查表，明确限速器和安全钳维护保养项目。
>
> 2. 熟悉限速器和安全钳的类型、作用、结构、工作原理等基本知识，明确限速器和安全钳年度维护保养项目的技术标准。
>
> 建议学时　4 学时

学习过程

一、明确限速器和安全钳维护保养项目

1. 阅读电梯年度维护保养作业计划表

电梯维护保养工从维护保养组长处领取电梯年度维护保养作业计划表，包括维护保养人、维护保养日期、地点、梯号和年检等信息，了解涉及限速器和安全钳维护保养的项目信息。

电梯年度维护保养作业计划表

电梯管理编号	合同号	梯号		服务形式	用户名或地址					竣工日期	用户联系人	
01101080	T001				金鹰大厦某区某路 105 号						李强	
梯型	NPH	梯速（m/s）		0.63	载重（kg）	800		停站数	3	站序	北区一站	
工作项目		要求			年内次数	月份						保养者署名

工作项目		检查	清理	调整	年内次数	1	2	3	4	5	6	7	8	9	10	11	12	月 日	署名
1	限速器及张紧装置	√	√	√	2														

工作项目		要求			年内次数	月份												保养者署名		
		检查	清理	调整		1	2	3	4	5	6	7	8	9	10	11	12	月	日	署名
2	安全钳	√	√	√	1															
3	限速器和安全钳联动试验	√	√	√	1															

（1）电梯限速器和安全钳的维护保养项目有哪些？

（2）限速器和安全钳维护保养项目的工作要求是什么？

（3）应什么时间实施限速器和安全钳维护保养项目？

2. 阅读限速器和安全钳年度维护保养作业检查表

查阅《电梯维护保养规则》中对限速器和安全钳年度维护保养项目的规定，获取限速器和安全钳维护保养信息，明确限速器和安全钳维护保养任务，填写下面的限速器和安全钳年度维护保养作业检查表。

限速器和安全钳年度维护保养作业检查表

*1. 限速器和安全钳年度维护保养作业实施整个过程必须使用此检查表，记录下列全部项目。

*2. 此检查表需要经过审核、批准后，放在客户档案里保存（下次限速器和安全钳年度维护保养作业完成后替换成最新版本）。

客户编号	客户名	客户电话	使用登记号	作业地址	作业实施日期

电梯型号	额定速度	额定载荷	层／站	限速器／安全钳型号	档案号

（1）作业前必须确认事项

序号	确认事项	确认情况	注意事项
1	作业人员是否做好分工并接受联动试验作业培训	□是　□否	未接受培训者不得参与联动试验作业
2	安全操作措施是否齐备	□是　□否	必须按安全操作规程规定完成
3	工具和物料是否齐全	□是　□否	必须按《电梯维护保养手册》中的工具和物料清单准备齐全
4	是否已与客户沟通协调	□是　□否	（1）与客户沟通了解电梯使用情况和使用要求 （2）与客户沟通协调作业时间、安全要求和备用梯情况

（2）维护保养前需确认事项

序号	确认事项	确认情况	注意事项
1	限速器运动部件转动灵活，各销轴部位无异常响声，限速器铅封或漆封标记齐全	□是　□否	核对限速器类型是否与维护保养单一致
2	限速器钢丝在电梯运行中无显著的振动、噪声	□是　□否	确认限速器钢丝摆动幅度是否过大
3	电梯运行无异响	□是　□否	若有异响，判断异响是否来自轿厢底部
4	安全钳及联动机构部件齐全	□是　□否	联动手柄应在水平状态

续表

（3）年度维护保养项目

序号	年度维护保养项目	技术标准	维护保养结果
1	限速器	限速器轮槽清洁，无严重油腻，磨损在规定值之内	□符合　□不符合
2	限速器钢丝绳及张紧装置	限速器钢丝绳无严重油垢，磨损、断丝在规定值之内，张紧轮和电气安全装置工作正常	□符合　□不符合
3	安全钳	安全钳复位弹簧工作正常，楔块与导轨间距均匀，提拉安全钳拉杆动作一致，灵活有效，安全钳钳座固定，无松动	□符合　□不符合
4	限速器和安全钳联动试验	功能正常	□符合　□不符合
5	6S 管理	清理现场，归还工具	□符合　□不符合

（4）作业后需确认事项

序号	确认事项	确认情况	注意事项
1	限速器和安全钳联动试验功能是否正常	□是　□否	轿厢空载，以检修速度向下运行，人为操作限速器，观察轿厢制停情况
2	安全钳动作后电梯轿厢是否变形	□是　□否	安全钳楔块动作是否均匀一致，轿底倾斜度对于原正常位置倾斜度不超过 5%
3	安全钳钳座是否固定	□是　□否	固定、无松动
4	电梯是否复位	□是　□否	限速器、安全钳电气开关、安全钳楔块是否已复位
5	电梯运行是否有异响情况	□是　□否	若有异响，注意楔块夹持导轨处是否已修复
6	是否已填写维护保养报告（客户反馈）	□是　□否	按规范填写

根据本次维护保养作业情况，需要申请更换或维修部件（不属于年度维护保养项目）：

维护保养员		维护保养组长	
使用单位			
存档			年　月　日

3. 填写限速器和安全钳维护保养信息表

在阅读电梯年度维护保养作业计划表以及限速器和安全钳年度维护保养作业检查表要点后，填写限速器和安全钳维护保养信息表。

限速器和安全钳维护保养信息表

（1）工作人员信息

维护保养人		维护保养日期	

（2）电梯基本信息

客户编号		电梯型号	
限速器和安全钳型号		档案号	
用户单位		用户地址	
联系人		联系电话	

（3）工作内容

序号	维护保养项目	序号	维护保养项目
1	限速器轮槽检查	5	
2		6	限速器和安全钳联动试验
3	限速器张紧装置检查与调整		
4	安全钳复位弹簧、拉杆弹簧长度的检查与调整		

二、认识限速器和安全钳

通过查阅电梯构造等相关书籍以及查找网络资源等方式，获取限速器和安全钳的类型、作用、结构、工作原理等基本知识，为后期限速器和安全钳年度维护保养作业提供理论依据。

1. 限速器的类型

限速器是电梯重要的安全保护装置之一，同时也是年度维护保养的主要项目之一。观察现场电梯实训设备，通过查阅限速器相关资料，指出图中限速器的类型，并说明两者有何特点。

限速器

a）_____　b）_____

上图两种限速器的特点如下：

2. 限速器及张紧装置的组成

限速器及张紧装置主要由限速器、限速器钢丝绳、张紧装置组成，请观察电梯机房和井道及限速器设备，查阅技术手册等资料，填写图中限速器安全装置各部件的名称。

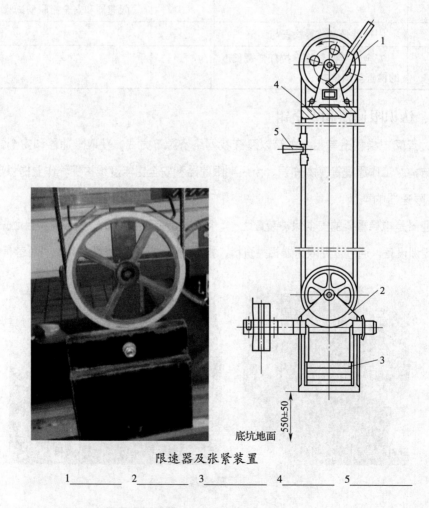

限速器及张紧装置

1_____   2_____   3_____   4_____   5_____

3. 限速器的工作原理

（1）简述限速器工作原理。

（2）简述限速器张紧装置的作用。

4. 电梯安全钳的类型

安全钳是电梯重要安全装置之一，如图所示是安全钳的两种主要类型：渐进式安全钳和瞬时式安全钳。

a)　　　　　　　　　　　　　　　　b)

电梯安全钳
a）渐进式安全钳　b）瞬时式安全钳

观察现场电梯实训设备，通过查阅安全钳相关资料，指出图中两种安全钳的特点和主要应用场合。

5. 电梯安全钳的结构

下图所示为电梯渐进式安全钳的安装位置与内部结构，观察电梯井道及安全钳设备，查找资料，写出安全钳各部件的名称。

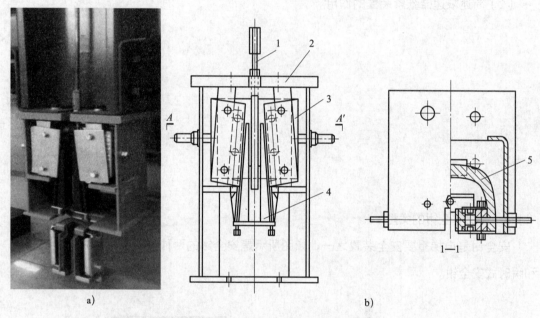

a)   b)

电梯渐进式安全钳的安装位置与内部结构
a）安装位置   b）内部结构

1_____ 2_____ 3_____ 4_____ 5_____

6. 电梯安全钳的工作原理

根据现场电梯实训设备，通过查阅安全钳相关资料，简述安全钳的工作原理。

7．电梯限速器和安全钳的联动原理

根据现场电梯实训设备及限速器与安全钳的联动示意图，通过查阅相关资料，简述限速器和安全钳的联动原理，介绍让轿厢制停在导轨上的方法。

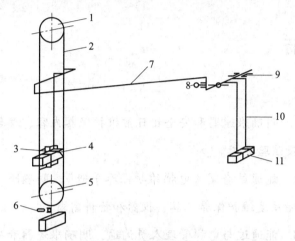

限速器与安全钳的联动示意图

1—限速器绳轮　2—钢丝绳　3—导轮　4—固定在轿厢上的夹块　5—张绳轮　6—张绳轮断绳限位

7—连杆系统　8—安全钳限位　9—轿厢上梁留孔　10—安全钳楔块拉条　11—安全钳楔块

学习活动 2　确定维护保养流程

学习目标

> 1. 明确限速器和安全钳日常维护保养内容、参数调整方法及试验要求。
>
> 2. 能通过查阅《电梯维护保养手册》，明确限速器和安全钳年度维护保养工具、仪器和物料需求。
>
> 3. 能通过与电梯管理人员沟通，明确限速器和安全钳年度维护保养时间、工作环境要求和安全措施。
>
> 4. 结合被维护保养电梯实际情况，根据电梯相关国家标准和《电梯维护保养手册》，确定限速器和安全钳年度维护保养作业流程。
>
> 建议学时　6学时

学习过程

一、认识限速器和安全钳日常维护保养内容

根据限速器和安全钳年度维护保养作业检查表的要点，查阅电梯构造书籍和《电梯维护保养手册》，查看被维护保养电梯的限速器和安全钳，明确限速器和安全钳日常维护保养内容、参数调整方法及试验要求。

1. 限速器及张紧装置的维护保养要求

限速器及张紧装置的日常维护保养主要是清洁、润滑和检查等，请查阅相关资料，明确下列维护保养内容。

（1）限速器绳轮的不垂直度应不大于＿＿＿＿＿＿＿＿＿＿，限速器可调节部件应加的封件必

须完好，限速器应每_____年整定校验一次。

（2）限速器钢丝绳在正常运行时不应触及夹绳钳口，开关动作应灵活可靠，活动部分应保持润滑。

（3）限速器动作时，限速器绳的张紧力至少应是_____N或提起安全钳所需力的两倍。

（4）下表给出了限速器张紧装置底面与底坑平面的距离。固定式张紧装置按照制造厂设计范围整定。

限速器张紧装置底面与底坑平面的距离

电梯类别	高速电梯	快速电梯	低速电梯
距离底坑平面高度（mm）	750 ± 50	550 ± 50	400 ± 50

（5）限速器钢丝绳的维护检查与曳引钢丝绳相同，具有同等重要性。维修人员站在轿顶上，抓住防护栏，电梯以_____速度在井道内运行全程，仔细检查钢丝绳与绳套是否正常。

（6）限速器的压绳舌动作时，其工作面应_____紧贴在钢丝绳上，在动作解脱后，应仔细检查被压绳区段有无_____，并用_____做记号，再次检查时重点注意该区段钢丝绳的损伤情况。

（7）检查张紧装置开关打板的固定螺栓是否_____，应保证打板能碰撞开关触点。

（8）检查绳轮、张紧轮是否有_____情况。在运行中若钢丝绳有抖动，表明绳轮或张紧轮轴孔已磨损变形，应更换轴套。

（9）张紧装置应工作正常，绳轮和导轮装置与运动部位均润滑良好，每周加油一次，每年_____。

（10）限速器应校验正确，在轿厢下降速度超过_____时，限速器应立即动作带动安全钳，安全钳钳住_____立即制停轿厢。下表列出了常见电梯限速器最大动作速度。

常见电梯限速器最大动作速度　　　　m/s

轿厢额定速度	限速器最大动作速度	轿厢额定速度	限速器最大动作速度
≤ 0.50	0.85	1.75	2.26
0.75	1.05	2.00	2.55
1.00	1.40	2.50	3.13
1.50	1.98	3.00	3.70

2. 限速器的维护保养方法

限速器的重要参数与维护保养方法是否正确对限速器功能有重要影响，查阅相关资料，明确限速器的维护保养方法。

（1）经常性检查

1）检查限速器动作的可靠性，如使用甩块式刚性夹持式限速器，要检查限速器动作的_____。注意：当夹绳钳（楔块）离开限速器钢丝绳时，要仔细检查钢丝绳有无损坏现象。

2）检查限速器运转是否_____，限速器运转时声音应当轻微而又均匀，绳轮运转应没有时松时紧的现象。

3）一般检查方法是：在机房_____，若发现限速器有时误动作、打点或有其他异常声音，则说明该限速器有问题，应及时找出故障原因，进行检修或送制造厂修理、调整。

4）检查限速器钢丝绳和绳套有无_____。其检查方法是：司机开动电梯慢速在井道内运行的全程中，在机房中仔细观察限速器钢丝绳。当发现问题时，如属于还可以用的范围，必须做好记录，并用油漆做好标记，作为今后重点检查的位置。若钢丝绳和绳套必须更换时，应立即停梯更换，不可再用。

5）检查限速器旋转部位的_____情况是否良好。

6）检查限速器上的绳轮有无裂纹，_____量是否过大。

7）检查张紧装置行程开关打板的固定螺栓有无松动或产生位移，应保证打板能碰撞行程开关触点；还要检查有关零部件是否磨损、破裂等。

（2）维护保养工作

1）限速器出厂时，均经过严格的检查和试验，维修时_____随意调整限速器弹簧的张紧力，不准随意调整限速器的速度，否则会影响限速器的性能，危及电梯的安全保护系统。另外，不要私自拆动限速器出厂时的铅封，若发现问题且不能彻底解决，应送到厂家修理或更换。

2）对限速器和限速器张紧装置的旋转部分，每周_____，每年_____。

3）在电梯运行过程中，一旦发生限速器和安全钳动作，会将轿厢夹持在_____上。此时，应经过有关部门鉴定、分析，找出故障原因，解决后才能检查或恢复限速器。

3. 安全钳的维护保养要求

（1）安全钳拉杆组件系统动作时，应转动灵活，无_____现象，系统动作的提拉力应不超过_____。

（2）安全钳楔块面与导轨侧面间隙应为_____，且两侧间隙应较均匀，安全钳动作应灵活可靠。

（3）安全钳开关触点应良好，当安全钳工作时，_____应率先动作，并切断安全电气回路。

（4）安全钳上所有的机构零件应去除灰尘、污垢及旧有的润滑脂，对构件的接触摩擦表面用_____清洗，且涂上清洁机油，然后检测所有手动操作的行程，应保证未超过电梯的各项限值。

（5）利用水平拉杆和垂直拉杆上的张紧接头调整楔块的位置，使每个楔块和导轨间的间隙保持在_____，然后使拉杆的张紧接头定位。

（6）轿厢被安全钳制停时不应产生过大的冲击力，同时也不能产生太长的滑行。因此，下表规定了渐进动作式安全钳的制停距离。

电梯渐进动作式安全钳的制停距离

电梯额定速度（m/s）	限速器最大动作速度（m/s）	制停距离	
		最小距离（mm）	最大距离（mm）
1.50	1.98	330	840
1.75	2.26	380	1020
2.00	2.55	460	1220
2.50	3.13	640	1730
3.00	3.70	840	2320

4. 安全钳的维护保养方法

（1）安全钳动作的可靠性试验。为保证安全钳、限速器工作时的可靠性，_____做一次限速器和安全钳联动试验。

（2）检查安全钳的操纵机构和制停机构中所有构件是否_____。

（3）检查安全钳钳座和楔块部分有无裂损及油污塞入。检查时，检修人员进入底坑安全区域，然后将轿厢行驶至底坑端站附近。

（4）轿厢外两侧的安全钳楔块应_____，且两边用力一致。

二、了解限速器和安全钳的参数调整方法及联动试验

1. 限速器和安全钳的重要参数调整方法

限速器和安全钳的相关重要参数对其功能有重要影响，请查阅相关资料，填写限速器和安全钳重要参数及调整方法表。

限速器和安全钳重要参数及调整方法表

序号	调整项目	操作简图	重要参数及调整方法
1	限速器轮槽与限速器钢丝绳直径		（1）根据国家标准规范的要求，限速器轮槽、限速器钢丝绳直径磨损不得大于公称直径的_____% （2）如磨损超过规定，应进行更换
2	限速器张紧装置底面与底坑平面的距离		（1）根据电梯作业检查表，确定调整距离_____mm （2）用硬物顶起张紧装置 （3）根据调整距离调整限速器钢丝绳的长度 （4）验证_____开关有效
3	安全钳复位弹簧长度		（1）根据安全钳类型，调整拉杆复位弹簧长度_____mm（参考值：瞬时式305～320 mm，渐进式192 mm±4 mm） （2）进入轿顶，对轿顶梁上的安全钳复位弹簧进行检查与调整
4	安全钳拉杆弹簧长度		进入轿顶，对轿顶梁上的安全钳拉杆弹簧长度进行检查与调整（参考值：65～90 mm）
5	钳嘴与导轨面间隙		（1）进入底坑安全区域，然后将轿厢行驶至底坑端站附近 （2）根据安全钳类型，调整安全钳钳座居中，调整钳嘴与导轨面的间隙（参考值：瞬时式_____mm，渐进式5.5 mm±0.5 mm）

续表

序号	调整项目	操作简图	重要参数及调整方法
6	楔块与导轨的间隙		（1）进入底坑安全区域，然后将轿厢行驶至底坑端站附近 （2）根据安全钳类型，调整楔块与导轨的间隙（参考值：瞬时式_____mm，渐进式 5 mm ± 0.5 mm）

2．安全钳动作试验要求

（1）安全钳试验前检查。轿厢两侧的安全钳楔块与导轨两侧顶面的间隙应_____，牵动安全钳与限速器连接的绳头拉紧时，轿厢两侧安全钳两边的楔块应同时接触导轨的工作面。

（2）安全钳的试验是为了检查限速器和安全钳各尺寸参数调整是否合理，功能是否正常，以及轿厢、安全钳、导轨与建筑物各连接件是否坚固。轿厢侧安全钳是检测轿厢下行超速时起作用的，试验应在轿厢向下运行时进行。当安全钳动作时，安全钳的楔块应将轿厢紧紧地卡在两列导轨上。除此以外，就是曳引轮继续动作，曳引钢丝绳也应在曳引轮绳槽上_____，电梯绝对不能再继续向下运行。

3．限速器和安全钳试验方法

（1）对渐进式安全钳装置，轿厢空载，安全钳装置的动作应在较低的速度（_____速度）进行试验。

（2）人在机房，将电梯运行到提升高度的下半部分，使电梯处于_____状态，以检修速度下行。试验时，手动使限速器动作，_____电气开关动作，此时电动机停转；_____限速器电气安全开关，使电梯继续下行，限速器钢丝绳制动并提起_____拉杆装置，此时，_____电气开关也应动作，再次使电动机停转；然后_____开关，使电梯继续下行，_____应动作，将轿厢紧紧地夹在导轨上。轿厢一旦被制停，曳引钢丝绳在曳引轮上打滑。且在载荷试验后，轿厢底倾斜度不大于_____。

（3）将电梯以检修速度_____行一段距离，安全钳应自动脱开、恢复（安全钳电气安全开关可以是自动复位的），人为恢复限速器电气安全开关和机械装置，上行一段距离后使电梯再继续下行，_____不应该再动作。

（4）恢复限速器上的电气安全开关后，电梯可以正常运行。

（5）试验完成以后，检查导轨有无被划伤，必要时要打磨、修光到正常状态；将电梯开到底层，在底坑检查安全钳的楔块应_____。

（6）当对重侧设有安全钳时（用于底坑下面是空的时候），其检查和试验方法与轿厢侧安全钳的检查和试验方法相似，但是，要注意电梯的运行方向正好相反。另外，当对重侧安装限速器时，对重侧限速器的动作速度应略高于轿厢侧限速器的动作速度，但不应超过_____，从而保证对重侧安全钳略滞后于轿厢安全钳动作。

由于安全钳的动作试验会对导轨造成不同程度的损伤，试验后必须对导轨的卡痕进行修复。应引起注意的是：此类试验次数不宜过多，以免对电梯造成不必要的伤害。

三、明确限速器和安全钳年度维护保养工具、仪器和物料需求

查阅《电梯维护保养手册》，明确限速器和安全钳年度维护保养对工具、仪器和物料的需求，并填写限速器和安全钳年度维护保养工具、仪器、物料需求表。

限速器和安全钳年度维护保养工具、仪器、物料需求表

序号	名称（是否选用）	数量	规格	序号	名称（是否选用）	数量	规格
1	安全帽（□是　□否）	2个		9	游标卡尺（□是　□否）	1个	
2	工作服（□是　□否）	2套		10	洁净抹布（□是　□否）	适量	
3	铁头安全鞋（□是　□否）	2双		11	油漆扫（大、小）（□是　□否）	各1把	
4	安全带（□是　□否）	2条		12	刮刀（□是　□否）	1把	
5	便携工具箱（□是　□否）	1个		13	手电筒（□是　□否）	1个	
6	工具便携袋（□是　□否）	2个		14	砂纸（□是　□否）	若干	
7	维修标志（严禁合闸）（□是　□否）	1块		15	地槛清洁专用铲（□是　□否）	1个	
8	防护垫（□是　□否）	1块		16	卷尺（□是　□否）	1个	

续表

序号	名称（是否选用）	数量	规格	序号	名称（是否选用）	数量	规格
17	钢直尺 （□是　□否）	各1个		31	尖嘴钳 （□是　□否）	1个	
18	吹风机 （□是　□否）	1个		32	活扳手 （□是　□否）	1把	
19	锂基润滑脂 （□是　□否）	适量		33	呆扳手 （□是　□否）	1套	
20	普通润滑机油	适量		34	胶锤 （□是　□否）	1个	
21	弹簧拉力计 （□是　□否）	1个		35	注油壶 （□是　□否）	1个	
22	万用表 （□是　□否）	1台		36	油性笔 （□是　□否）	各1支	
23	一字旋具 （□是　□否）	各1个		37	电工胶布 （□是　□否）	1卷	
24	水平尺 （□是　□否）	1个		38	扎带 （□是　□否）	若干	
25	斜塞尺 （□是　□否）	1个		39	内六角扳手 （□是　□否）	1套	
26	塞尺组件 （□是　□否）	1个		40	黄油枪 （是□　否□）	1把	
27	专用塞尺 （□是　□否）	各1个		41	磁力线坠 （□是　□否）	1个	
28	十字旋具 （□是　□否）	各1个		42	维修标志（保养中） （□是　□否）	1块	
29	钢丝钳 （□是　□否）	1个		43	导线 （□是　□否）	若干条	
30	斜口钳 （□是　□否）	1个					

四、与电梯使用管理人员沟通协调

查阅限速器和安全钳年度维护保养作业检查表，就被维护保养电梯名称、工作时间、维护保养内容、实施人员、需要物业配合的内容等与电梯管理人员进行沟通，填写限速器和安全钳年度维护保养沟通信息表，并告知物业管理人员限速器和安全钳年度维护保养任务，保障限速器和安全钳年度维护保养工作顺利开展。

限速器和安全钳年度维护保养沟通信息表

1. 基本信息

用户单位		用户地址	
联系人		联系电话	
沟通方式	□电话　□面谈　□电子邮件　□传真　□其他		

2. 沟通内容

电梯管理编号		电梯代号	
维护保养日期	年　月　日　时　分至　　年　月　日　时　分		
电梯使用情况	（1）平层情况：□正常　□不正常 （2）启动情况：□正常　□不正常 （3）制动情况：□正常　□不正常 （4）开关门情况：□正常　□不正常		
维护保养内容	限速器和安全钳年度维护保养　　□已告知　　□未告知		
物业管理单位配合内容	（1）在显眼位置粘贴"年度维护保养告示书"　□已告知　□未告知 （2）确认备用梯　　　　　　　　　　　　　□确认　　□未确认 （3）物业管理跟进人员　　　　　　　　　　□确认　　□未确认 （4）物业管理处的安全紧急预案　　　　　　□确认　　□未确认 （5）物业管理处对维护保养作业环境要求：		

五、明确限速器和安全钳年度维护保养作业流程

查阅《电梯维护保养手册》、限速器和安全钳年度维护保养作业检查表、《电梯制造与安装安全规范》（GB 7588—2003）、《电梯技术条件》（GB/T 10058—2009）、《电梯安装验收规范》（GB/T 10060—2011）、《电梯试验方法》（GB/T 10059—2009）和电梯生产厂家对限速器和安全钳部件维护保养要求，小组配合完成限速器和安全钳年度维护保养作业流程表的填写。

限速器和安全钳年度维护保养作业流程表

1. 工作人员信息

维护保养人		维护保养日期	

2. 电梯基本信息

电梯管理编号		电梯型号	
用户单位		用户地址	
联系人		联系电话	

3. 近期限速器和安全钳维护保养记录

序号	维护保养项目	维护保养要求	维护保养记录	维护保养效果
1	限速器	限速器运动部件转动灵活，限速器铅封或漆封标记齐全，轮槽清洁，无严重油腻		□符合 □不符合
2	限速器钢丝绳及张紧装置	限速器钢丝绳无严重油垢，磨损在规定值之内，张紧轮装置工作正常		□符合 □不符合
3	安全钳	安全钳各楔块与导轨间距均匀，手动提拉安全钳拉杆动作一致，灵活有效，安全钳钳座固定，无松动		□符合 □不符合
4	限速器和安全钳联动试验功能是否正常	功能正常，动作可靠		□符合 □不符合
5	已更换部件			

4. 限速器和安全钳年度维护保养作业流程

作业顺序	作业项目	主要内容	主要安全措施
第一步	准备工作		
第二步	实施前有关事项确认		
第三步	检查限速器轮槽		
第四步	检查限速器钢丝绳		
第五步	限速器张紧装置检查与调整		

续表

作业顺序	作业项目	主要内容	主要安全措施
第六步	安全钳复位弹簧、拉杆弹簧长度的检查与调整		
第七步	安全钳钳座及楔块检查与调整		
第八步	限速器和安全钳联动试验		
第九步	质量自检		
第十步	电梯复位及试运行		

学习活动 3　维护保养前期准备

学习目标

1. 熟悉限速器和安全钳维护保养常用工具的使用方法。

2. 能领取、检查限速器和安全钳年度维护保养工具、仪器和物料。

3. 能通过小组讨论明确限速器和安全钳年度维护保养作业危险因素和应对措施。

4. 能以小组合作的方式完成限速器和安全钳年度维护保养前有关事项确认。

建议学时　6学时

学习过程

一、认识限速器和安全钳维护保养常用工具的使用方法

1. 认识普通塞尺

塞尺是限速器和安全钳维护保养时的常用工具，类型有很多种，主要有片形塞尺（组）、斜塞尺、楔形塞尺，请填写下面图片的类型。

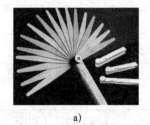

a)　　　　　　　　　　　b)　　　　　　　　　　　c)

普通塞尺

a)＿＿＿＿＿＿　　b)＿＿＿＿＿＿　　c)＿＿＿＿＿＿

请查找相关资料，简述片形塞尺（组）、斜塞尺、楔形塞尺的特性和适用场合。

2. 认识专用塞尺

为了更加方便准确地测量特定间隙大小，减少读数的误差，在特定的场合需要使用专用塞尺。请简述限速器和安全钳维护保养中专用塞尺的使用场合及方法。

专用塞尺

二、领取并检查限速器和安全钳年度维护保养工具、仪器和物料

1. 领取限速器和安全钳年度维护保养工具、仪器和物料

查询限速器和安全钳年度维护保养工具、仪器和物料需求表，与电梯物料仓管人员沟通，从电梯物料仓管处领取相关工具、仪器和物料。小组合作核对工具、仪器和物料的规格、数量，并填写限速器和安全钳年度维护保养工具、仪器和物料清单，为工具、仪器和物料领取提供凭证。

限速器和安全钳年度维护保养工具、仪器和物料清单

保养人		时间	
用户单位		用户地址	

年度要求（在半年保基础上增加）（填写说明：在相应□打√和填写相应规格）

序号	名称	规格	数量	领取人签名	归还人签名	归还检查
1	手电筒		1个			□完好　□损坏
2	活扳手		1把			□完好　□损坏
3	呆扳手		1套			□完好　□损坏

续表

序号	名称	规格	数量	领取人签名	归还人签名	归还检查
4	内六角扳手		1 套			□完好　□损坏
5	卷尺	5 m	1 个			□完好　□损坏
6	钢直尺	300 mm、150 mm	各 1 个			□完好　□损坏
7	普通润滑机油	N49	适量			□完好　□损坏
8	弹簧拉力计		1 个			□完好　□损坏
9	万用表		1 台			□完好　□损坏
10	一字旋具		1 个			□完好　□损坏
11	十字旋具		1 个			□完好　□损坏
12	水平尺	800 mm	1 个			□完好　□损坏
13	斜塞尺	15 mm	1 个			□完好　□损坏
14	专用塞尺	3 mm、5 mm	各 1 个			□完好　□损坏
15	游标卡尺		1 个			□完好　□损坏
16	钢丝钳		1 个			□完好　□损坏
17	胶锤		1 个			□完好　□损坏
18	注油壶		1 个			□完好　□损坏
19	油性笔	红色、黑色	各 1 支			□完好　□损坏
20	电工胶布		1 卷			□完好　□损坏
21	扎带		10 条			□完好　□损坏
22	导线	BV 单股单芯铜线	5 m			□完好　□损坏
23	砂纸		若干			□完好　□损坏
24	洁净抹布		适量			□完好　□损坏

物料管理人员发放签名：　　　　　　　　保养人员领取签名：

　　　　　　　日期：　　年　月　日　　　　　　　　　　日期：　　年　月　日

物料管理人员验收归还工具签名：

　　　　　　　　　　　　　　　　　　　　　　　日期：　　年　月　日

2. 检查限速器和安全钳年度维护保养工具、仪器和物料

根据限速器和安全钳年度维护保养工具、仪器和物料清单，对限速器和安全钳年度维护保养重点工具、仪器和物料进行检查。

限速器和安全钳年度维护保养重点工具、仪器和物料检查表

序号	名称	检查标准	检查结果
1	塞尺	外观良好、无损坏，刻度清晰，无油污、无生锈，规格类型准确	□正常　□不正常
2	水平尺	外观良好、无损坏，使用前测试其正常有效	□正常　□不正常
3	万用表	外观良好，无损坏，短路测试正常有效	□正常　□不正常

三、限速器和安全钳年度维护保养作业危险因素及实施前有关事项确认

1. 确定主要作业危险因素及应对措施

查阅《电梯维护保养手册》对限速器和安全钳年度维护保养作业的安全措施规定，以小组合作的方式对安全措施进行分析、总结，罗列限速器和安全钳年度维护保养主要危险因素，确定限速器和安全钳年度维护保养主要危险因素的应对措施，填写作业现场危险预知活动报告书，提高维护保养作业人员安全意识。

作业现场危险预知活动报告书

日期	作业现场名称	作业单位	作业内容	组织者（作业长）	检查员或保养站长确认

一、身体状况确认	
二、安全防护用具检查	□安全帽　□安全带　□安全鞋　□作业服

三、危险要因及对策

序号	危险要因及对策	提出人
1	危险要因： 对策：	
2	危险要因： 对策：	
3	危险要因： 对策：	

序号	危险要因及对策	提出人
4	危险要因： 对策：	
四、小组行动目标		
五、参与人员签名		

2. 确认实施限速器和安全钳年度维护保养前有关事项

按照《电梯维护保养手册》的限速器和安全钳年度维护保养前安全措施规定和工作状态检查项目内容，核对限速器和安全钳型号，设置安全护栏，确认照明、通信装置、主电源开关和急停开关功能正常，填写限速器和安全钳年度维护保养实施前确认事项表。

限速器和安全钳年度维护保养实施前确认事项表

序号	确认项目	操作简图	项目内容	完成情况
1	告知电梯管理人员		确认在显眼位置张贴限速器和安全钳年度维护保养作业告示书	□完成 □未完成
			确认备用电梯已正确使用	□完成 □未完成
			确认发生安全事故处理办法	□完成 □未完成
2	设置安全护栏和警示牌		在下端站层门设置安全护栏和警示牌	□完成 □未完成
			在基站层门设置安全护栏和警示牌	□完成 □未完成
			在上端站层门设置安全护栏和警示牌	□完成 □未完成

续表

序号	确认项目	操作简图	项目内容	完成情况
3	确认照明装置和通信装置		确认底坑照明装置的功能正常	□完成 □未完成
			确认轿顶照明装置的功能正常	□完成 □未完成
			确认通信装置的功能正常	□完成 □未完成
4	确认急停开关和主电源开关		确认轿顶急停开关、轿顶检修开关、底坑急停开关的功能正常	□完成 □未完成
			确认主电源开关的功能正常	□完成 □未完成

续表

序号	确认项目	操作简图	项目内容	完成情况
5	确认电梯载重		确认电梯载重情况是空载	□完成 □未完成
6	确认底坑无积水		进入底坑，确认底坑内无积水	□完成 □未完成
7	确认限速器和安全钳型号		通过限速器和安全钳铭牌，确认限速器和安全钳类型	□完成 □未完成
8	限速器运行情况		限速器运动部件转动灵活，各销轴部位无异常响声，限速器铅封或漆封标记齐全	□是 □否

序号	确认项目	操作简图	项目内容	完成情况
9	限速器钢丝在电梯中运行情况		观察限速器钢丝在电梯运行中无显著的振动、噪声现象	□是 □否
10	安全钳及联动机构		安全钳及联动机构部件齐全，联动手柄应在水平状态	□是 □否

学习活动 4　维护保养实施

学习目标

1. 认识限速器和安全钳年度维护保养作业。

2. 能以小组合作方式，遵守安全操作规范，实施限速器、限速器张紧装置、安全钳的检查与调整年度维护保养作业。

3. 能以小组合作方式，遵守安全操作规程，实施限速器和安全钳联动试验，并正确填写试验记录表。

建议学时　20学时

学习过程

一、认识限速器和安全钳年度维护保养作业

查阅《电梯维护保养手册》对限速器和安全钳年度维护保养的规定，通过查找相关资料，观看相关操作视频等，总结限速器和安全钳年度维护保养的操作要点。

1. 填写限速器和安全钳年度维护保养作业流程

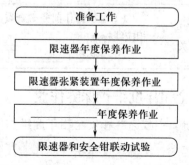

限速器和安全钳年度维护保养作业流程

2. 填写限速器和安全钳维护保养作业子步骤操作要点表

限速器和安全钳维护保养作业子步骤操作要点表

序号	维护保养项目	主要子步骤	操作要点
1	限速器	检查限速器轮槽	（1）在机房查看限速器轮槽是否有磨损和油腻 （2）用＿＿＿＿尺对限速器轮槽进行测量
2	限速器钢丝绳及张紧装置	进出轿顶	（1）进入轿顶时，注意保持身体＿＿＿＿平稳，按下＿＿＿＿、＿＿＿＿和接通照明 （2）离开轿顶时，复位底坑照明＿＿＿＿和＿＿＿＿
		检查限速器钢丝绳	（1）在＿＿＿＿，慢车，查看限速器钢丝绳有无严重油垢、＿＿＿＿、＿＿＿＿，摆动是否过大 （2）用＿＿＿＿尺对限速器钢丝绳的直径进行测量
		检查、调整限速器张紧装置	（1）在＿＿＿＿，用＿＿＿＿尺检查限速器张紧装置底面与底坑平面的距离 （2）如需调整张紧装置与底坑平面的距离，务必两人操作
3	安全钳	测量安全钳复位弹簧、拉杆弹簧长度	（1）在＿＿＿＿，用＿＿＿＿尺测量安全钳复位弹簧、拉杆弹簧长度是否符合参数要求 （2）调整时注意工具的使用
		测量楔块与导轨的间隙	（1）人在底坑检修运行轿厢时，务必注意人是否在安全区域，两人配合，注意应答 （2）将轿厢行驶至底坑端站附近，用＿＿＿＿尺测量楔块与导轨的间隙是否符合参数要求 （3）调整时注意专用工具的使用
4	限速器和安全钳联动试验	以检修速度下行，手动使限速器动作	（1）操作前请确认电梯处于空载、检修状态 （2）在＿＿＿＿，以检修速度下行，手动使限速器动作，应两人配合 （3）注意观察曳引钢丝绳，确认轿厢运行位置
		短接电气安全开关	（1）短接操作前务必查看清楚相应的电路开关位置，确认相应线标 （2）务必按下＿＿＿＿开关方可短接，以防触电

二、实施限速器和安全钳年度维护保养作业

按照《电梯维护保养手册》中限速器和安全钳年度维护保养的内容，遵守限速器和安全钳年度维护保养作业流程要求，实施年度维护保养作业，填写限速器和安全钳年度维护保养作业记录表，确认其功能符合使用要求。

限速器和安全钳年度维护保养作业记录表

序号	项目	操作简图	项目内容	完成记录情况
1	限速器轮槽检查		（1）限速器轮槽清洁，无严重油腻 （2）限速器轮槽磨损在规定值之内（直径应大于公称直径90%） （3）清洁、调整、更换记录	（1）□完成　□未完成 （2）□完成　□未完成 （3）记录：_____
2	限速器钢丝绳检查		（1）限速器钢丝绳无严重油垢 （2）磨损、断丝在规定值之内（直径应大于公称直径90%） （3）清洁、调整、更换记录	（1）□完成　□未完成 （2）□完成　□未完成 （3）记录：_____
3	限速器张紧装置检查与调整		（1）张紧装置工作正常 （2）电气安全装置动作有效 （3）限速器张紧装置底面与底坑平面的距离符合规定要求 （4）清洁、调整、更换记录	（1）□完成　□未完成 （2）□完成　□未完成 （3）实测：_____mm （4）记录：_____
4	安全钳复位弹簧、拉杆弹簧长度的检查与调整		（1）安全钳复位弹簧长度符合规定要求，工作正常（参考值：瞬时式305～320 mm，渐进式192 mm±4 mm） （2）安全钳拉杆弹簧长度符合规定要求，工作正常（参考值：65～90 mm） （3）提拉安全钳拉杆，动作灵活有效 （4）清洁、调整、更换记录	（1）实测：_____mm （2）实测：_____mm （3）□完成　□未完成 （4）记录：_____

续表

序号	项目	操作简图	项目内容	完成记录情况
5	安全钳钳座及楔块检查与调整		（1）钳嘴与导轨面间隙符合规定要求（参考值：瞬时式 3.5 mm±0.5 mm，渐进式 5.5 mm±0.5 mm） （2）楔块与导轨的间隙符合规定要求（参考值：瞬时式 3 mm±0.5 mm，渐进式 5 mm±0.5 mm） （3）动作一致，灵活有效，安全钳钳座固定，无松动 （4）清洁、调整、更换记录	（1）实测：_____mm （2）实测：左：_____mm，右：_____mm （3）□完成　□未完成 （4）记录：_____

其他说明：　　　　　　　　　　　　作业人员签名：　　　日期：

三、实施电梯限速器和安全钳联动试验作业

按照《电梯维护保养手册》中限速器和安全钳年度维护保养的内容，需进行电梯限速器和安全钳联动试验作业，以检验限速器和安全钳联动机构及各电气开关、机械部件的动作与功能是否正常。实施联动试验并填写限速器和安全钳联动试验作业记录表，确认限速器和安全钳功能符合使用要求。

限速器和安全钳联动试验作业记录表

序号	项目	操作简图	项目内容	完成情况
1	检修速度下行		（1）将电梯运行到提升高度的下半部分 （2）轿厢空载，以检修速度下行	（1）□完成　□未完成 （2）□完成　□未完成
2	限速器动作		（1）限速器电气开关动作 （2）短接限速器电气安全开关 （3）检修电梯继续下行，使限速器钢丝绳制动并提起安全钳拉杆装置	（1）□完成　□未完成 （2）□完成　□未完成 （3）□完成　□未完成

续表

序号	项目	操作简图	项目内容	完成情况
3	安全钳动作		（1）安全钳电气开关也应动作 （2）短接安全钳电气开关 （3）检修电梯继续下行，安全钳应动作	（1）□完成　□未完成 （2）□完成　□未完成 （3）□完成　□未完成
4	检查有效性		（1）轿厢制停在导轨上（曳引钢丝绳有打滑现象） （2）轿厢外两侧安全钳楔块同时动作，且两边一致 （3）轿厢的倾斜度对于原正常位置倾斜度不超过5%	（1）□完成　□未完成 （2）□完成　□未完成 （3）□完成　□未完成
5	导轨修复		（1）电梯以检修速度上行一段距离，松开安全钳楔块 （2）使轿厢慢速向上行驶，查看导轨被咬的痕迹，痕迹应对称、均匀 （3）将导轨上的咬痕打磨光滑，修复长度大于150 mm	（1）□完成　□未完成 （2）□完成　□未完成 （3）□完成　□未完成
6	结论		限速器和安全钳联动机构工作情况	□正常　□不正常 不正常原因记录： _____

学习活动 5 维护保养质量自检

学习目标

1. 能以小组合作的方式，根据电梯国家相关标准、规范和《电梯维护保养手册》规定，进行限速器和安全钳年度维护保养质量自检。

2. 能以小组合作的方式，遵守安全操作规范，正确实施电梯复位操作。

3. 能以小组合作的方式，遵守安全操作规范，正确实施电梯运行检查。

4. 能正确填写限速器和安全钳年度维护保养作业检查表，并交付电梯管理人员和电梯维护保养组长。

5. 能按 6S 管理规范，整理并清洁工具、仪器、物料和工作环境，归还工具、仪器、物料，将限速器和安全钳年度维护保养作业检查表存档。

建议学时 2学时

学习过程

一、限速器和安全钳年度维护保养质量自检

根据电梯国家相关标准、规范和《电梯维护保养手册》规定，进行限速器和安全钳年度维护保养质量自检，填写限速器和安全钳年度维护保养质量评估记录表。

限速器和安全钳年度维护保养质量评估记录表

1. 电梯型号：
2. 限速器和安全钳类型：
3. 维护保养作业时间：

序号	评估项目	项目情况记录		有关规定	评估结果	评价
		维护保养前	维护保养后			
1	实施限速器维护保养作业					
2	实施限速器钢丝绳及张紧装置维护保养作业					
3	实施安全钳维护保养作业					
4	实施限速器和安全钳联动试验作业					

根据上述项目的情况记录和结果判断，本次限速器和安全钳年度维护保养质量评估结果是：

签名：　　　　日期：

二、认识电梯复位和运行检查

查阅《电梯维护保养手册》对电梯复位和运行检查的流程规定，通过网络查找相关资料，观看相关操作视频，通过观察和整理，总结电梯复位和运行检查的操作要点。

1. 填写电梯复位和运行流程

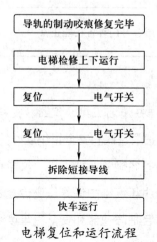

电梯复位和运行流程

2. 填写电梯复位和运行检查子步骤操作要点表

电梯复位和运行检查子步骤操作要点表

序号	子步骤	操作要点
1	电梯检修上下运行	注意观察轿厢运行，特别是在_____处无大的振动与异响
2	复位安全钳电气开关	按进出轿顶操作规程，进入轿顶确认_____上的安全钳电气开关复位
3	复位限速器电气开关	在机房用_____工具对限速器电气开关进行复位

三、实施电梯复位和运行检查

按照《电梯维护保养手册》中电梯复位和运行检查的内容，遵守电梯复位和运行的作业流程要求，实施电梯复位和运行检查作业，填写电梯复位和运行检查作业记录表。

电梯复位和运行检查作业记录表

序号	步骤	步骤内容	完成情况
1	电梯检修上下运行	查看电梯检修状态，确认轿厢运行无过大的振动与异响	□完成 □未完成
2	复位安全钳电气开关	操作人员进入轿顶，确认安全钳电气开关复位	□完成 □未完成
3	复位限速器电气开关	确认限速器电气开关复位	□完成 □未完成
4	拆除短接导线	拆除所有短接导线后，松开急停开关，电梯安全回路正常	□完成 □未完成
5	快车运行	电梯平层、开门等各功能正常	□完成 □未完成

四、6S 管理登记

按 6S 管理登记表要求，整理并清洁工具、仪器、物料和工作环境；填写限速器和安全钳年度维护保养作业检查表并把限速器和安全钳年度维护保养作业检查表（使用单位联）交给电梯使用单位电梯管理人员签名确认；把工具、仪器和物料归还电梯物料仓管处，并办理归还手续；把限速器和安全钳年度维护保养作业检查表（电梯维护保养单位联）交给电梯维护保养组长签名确认，并且把限速器和安全钳年度维护保养作业检查表（电梯维护保养单位联）交给技术档案管理部门存档。

6S 管理登记表

序号	项目内容	项目要求	完成情况	互评
1	整理并清洁工具、仪器、物料和工作环境	（1）如数收集工具、仪器并整理放置在工具箱中 （2）整理并收拾物料 （3）清理机房、底坑和相应层站 （4）清洁工作鞋底 （5）收拾安全护栏、警示牌	（1）□完成　□未完成 （2）□完成　□未完成 （3）□完成　□未完成 （4）□完成　□未完成 （5）□完成　□未完成	
2	电梯管理人员签名维护保养单	（1）电梯管理人员对维护保养质量进行评价 （2）将限速器和安全钳年度维护保养作业检查表（使用单位联）交给电梯管理人员签名确认 （3）电梯管理人员提出其他服务要求	（1）□完成　□未完成 （2）□完成　□未完成 （3）□完成　□未完成	
3	电梯维护保养组长签名维护保养单	（1）电梯维护保养组长对维护保养质量进行复核 （2）将限速器和安全钳年度维护保养作业检查表（电梯维护保养单位联）交给电梯管理人员签名确认 （3）电梯维护保养组长提出其他服务要求	（1）□完成　□未完成 （2）□完成　□未完成 （3）□完成　□未完成	
4	归还工具、仪器和物料，将文件存档	（1）将工具、仪器和物料归还，并办理手续 （2）将限速器和安全钳年度维护保养作业检查存档 （3）将所借阅资料归还	（1）□完成　□未完成 （2）□完成　□未完成 （3）□完成　□未完成	

互评小结：

学习活动 6　工作总结与评价

学习目标

　　1. 每组能派代表展示工作成果，说明本次任务的完成情况，进行分析总结。

　　2. 能结合任务完成情况，正确规范地撰写工作总结。

　　3. 能就本次任务中出现的问题提出改进措施。

　　4. 能对学习与工作进行反思总结，并能与他人开展良好合作，进行有效沟通。

　　建议学时　2学时

学习过程

一、个人、小组评价

　　以小组为单位，选择演示文稿、展板、海报、视频等形式中的一种或几种，向全班展示、汇报工作成果。在展示的过程中，以小组为单位进行评价；评价完成后，根据其他小组对本组展示成果的评价意见进行归纳总结。

　　汇报思路设计：

　　其他小组成员的评价意见：

二、教师评价

认真听取教师对本小组展示成果优缺点以及在完成任务过程中出现的亮点和不足的评价意见，并做好记录。

1. 教师对本小组展示成果优点的点评。

2. 教师对本小组展示成果缺点及改进方法的点评。

3. 教师对本小组在整个任务完成过程中出现的亮点和不足的点评。

三、工作过程回顾及总结

1. 在团队学习过程中，项目负责人给你分配了哪些工作任务？你是如何完成的？还有哪些需要改进的地方？

2. 总结完成限速器和安全钳的维护保养学习任务过程中遇到的问题和困难，列举 2～3 点你认为比较值得和其他同学分享的工作经验。

3. 回顾学习任务的完成过程，对新学到的专业知识和技能进行归纳与整理，撰写工作总结。

工作总结

_____

_____

_____

_____

_____

_____

_____

_____

 评价与分析

按照客观、公正和公平的原则，在教师的指导下按自我评价、小组评价和教师评价三种方式对自己或他人在本学习任务中的表现进行综合评价。综合等级按 A（90～100）、B（75～89）、C（60～74）、D（0～59）四个级别填写在表中。

学习任务综合评价表

考核项目	评价内容	配分（分）	评价分数		
			自我评价	小组评价	教师评价
职业素养	安全防护用品穿戴完备，仪容仪表符合工作要求	5			
	安全意识、责任意识强	6			
	积极参加教学活动，按时完成各项学习任务	6			
	团队合作意识强，善于与人交流和沟通	6			
	自觉遵守劳动纪律，尊敬师长，团结同学	6			
	爱护公物，节约材料，管理现场符合 6S 管理标准	6			
专业能力	专业知识扎实，有较强的自学能力	10			
	操作积极，训练刻苦，具有一定的动手能力	15			
	技能操作规范，遵守检修工艺，工作效率高	10			
工作成果	限速器和安全钳的维护保养符合工艺规范，检修质量高	20			
	工作总结符合要求	10			
总　　分		100			
总评	自我评价 ×20%+ 小组评价 ×20%+ 教师评价 ×60%=	综合等级	教师（签名）：		

学习任务五　制动器的维护保养

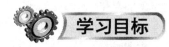 **学习目标**

1. 能通过阅读制动器年度维护保养作业检查表，明确制动器年度维护保养项目。
2. 能通过阅读《电梯维护保养手册》，明确制动器年度维护保养方法、工艺要求。
3. 能确定制动器年度维护保养作业流程。
4. 能正确选用和检查制动器年度维护保养工具、仪器和物料，完成制动器年度维护保养前有关事项确认。
5. 能正确穿戴安全防护用品，执行制动器年度维护保养作业安全操作规程。
6. 能通过小组合作方式，按照制动器年度维护保养作业计划表，完成制动器的年度维护保养工作。
7. 能按规范检查和评估制动器年度维护保养质量，并正确填写制动器年度维护保养作业检查表。
8. 能按 6S 管理规范，整理并清洁场地，归还物品，将文件存档。
9. 能完成制动器年度维护保养工作总结与评价。

 **建议学时**

40 学时

 **工作情景描述**

电梯维护保养公司按合同要求需要对某小区一台三层三站的 TKJ800/0.63–JX 有机房电梯（曳引比为 1∶1）的重要安全部件进行年度维护保养作业。电梯维护保养工从电梯维护保养组长处领取任务，要求在 4 h 内完成制动器年度维护保养作业，完成后交付验收。

工作流程与活动

学习活动 1　明确维护保养任务（4 学时）

学习活动 2　确定维护保养流程（4 学时）

学习活动 3　维护保养前期准备（4 学时）

学习活动 4　维护保养实施（22 学时）

学习活动 5　维护保养质量自检（4 学时）

学习活动 6　工作总结与评价（2 学时）

学习活动 1　明确维护保养任务

学习目标

　　1. 能通过阅读电梯年度维护保养作业计划表和制动器年度维护保养作业检查表，明确制动器维护保养项目。

　　2. 熟悉制动器的分类、作用、结构和工作原理等基本知识，明确国家电梯标准规范对制动器功能规定和对制动器维护保养项目要求。

　　建议学时　4学时

学习过程

一、明确制动器维护保养项目

1. 阅读电梯年度维护保养计划表

电梯维护保养工从维护保养组长处领取电梯年度维护保养作业计划表，包括维护保养人、维护保养日期、地点、梯号和年检等信息，了解涉及制动器维护保养的项目信息。

电梯年度维护保养作业计划表

电梯管理编号	合同号	梯号		服务形式	用户名或地址				竣工日期		用户联系人	
01101080	T001				金鹰大厦某区某路105号						李强	
梯型	NPH	梯速（m/s）		0.63	载重（kg）	800	停站数	3	站序		北区一站	
工作项目		要求		年内次数	月份													保养者署名		
		检查	清理	调整		1	2	3	4	5	6	7	8	9	10	11	12	月	日	署名
年度检查	抱闸装置分解	√	√	√	1															

（1）电梯制动器的维护保养项目有哪些？

（2）制动器维护保养项目的工作要求是什么？

（3）应什么时间实施制动器维护保养项目？

2. 阅读制动器年度维护保养作业检查表

根据《电梯维护保养规则》中对制动器年度维护保养项目的规定，获取制动器维护保养信息，明确制动器维护保养任务，填写下面的制动器年度维护保养作业检查表。通过本表，让学生了解年度保养作业的子项目、重要参数和要求。

制动器年度维护保养作业检查表

*1. 年度维护保养作业实施整个过程必须使用此检查表，记录下列全部项目。

*2. 此检查表需要经过审核、批准后，到下次维护保养整体设备时为止放在客户档案里保存（下次解体整体设备作业完成替换成最新版本）。

客户编号	客户名	客户联系电话	使用登记号	作业地址	作业实施日期

电梯型号	额定速度	额定载荷	层 / 站	制动器型号	档案号

（1）作业前需确认事项

序号	确认事项	确认情况	注意事项
1	作业人员是否已接受制动器解体作业培训	□是　□否	未接受培训者不得参与解体作业

续表

序号	确认事项	确认情况	注意事项
2	安全操作措施是否完成	□是　□否	必须按安全操作规程规定完成
3	工具和物料是否齐全	□是　□否	必须按《电梯维护保养手册》的工具清单准备齐全
4	与客户沟通协调是否全面	□是　□否	（1）与客户沟通了解电梯使用情况和使用要求 （2）与客户沟通协调作业时间、安全要求和备用梯情况

（2）维护保养前需确认事项

序号	确认事项	确认情况	注意事项
1	拖抱闸音情况	□是　□否	运行中，确认是否有拖闸声
2	制动器抱闸和松闸是否有较大撞击声	□是　□否	确认电梯启动和制动时是否有较大撞击声
3	平层误差是否在允许范围内	□是　□否	平层误差是否在本型号电梯技术参数规定范围内
4	其他问题	□是　□否	

（3）重要参数记录

序号	参数调整	作业前	作业后
1	制动闸瓦与制动轮间隙	左边间隙是____mm 右边间隙是____mm	左边间隙是____mm 右边间隙是____mm
2	制动弹簧长度	左制动器弹簧长度是____mm 右制动器弹簧长度是____mm	左制动器弹簧长度是____mm 右制动器弹簧长度是____mm
3	制动器动作检测开关动作行程	使用塞尺检测制动器动作检测开关动作行程范围是____mm	使用塞尺检测制动器动作检测开关动作行程范围是____mm
4	制动器铁芯间隙和行程	制动器铁芯间隙是____mm 制动器铁芯行程是____mm	制动器铁芯间隙是____mm 制动器铁芯行程是____mm

（4）作业后需确认事项

序号	确认事项	确认情况	注意事项
1	制动器抱闸和松闸是否动作灵活、迅速，并且两组制动臂动作同步	□是　□否	
2	制动器抱闸和松闸是否有较大撞击声	□是　□否	确认电梯启动和制动时是否有较大撞击声
3	制动器线圈温度测量	□是　□否	是否超过 60℃
4	制动力矩确认	□是　□否	（1）电梯空载并检修运行制动五次 （2）静载试验 （3）电梯空载并且正常运行制动三次
5	电梯运行异响	□是　□否	
6	测量平层误差	□是　□否	（1）电梯空载并且处于正常运行状态 （2）从下端站向上端站运行和从上端站向下端站运行，测量轿厢运行至下端站平层误差是____mm、轿厢运行至中间楼层（运行方向是上）平层误差是____mm、轿厢运行至中间楼层（运行方向是下）平层误差是____mm 和轿厢运行至上端站平层误差是____mm

根据本次维护保养作业情况，需要申请更换或维修部件（不属于日常维护保养项目）：

维护保养员		维护保养组长	
使用单位			年　月　日
存档			年　月　日

3. 填写制动器维护保养信息表

在阅读制动器年度维护保养作业计划表和制动器年度维护保养作业检查表要点后，填写制动器年度维护保养信息表。

制动器维护保养信息表

（1）工作人员信息

维护保养人		维护保养日期	

（2）电梯基本信息

电梯管理编号		电梯型号	
用户单位		用户地址	
联系人		联系电话	

（3）工作内容

序号	项目	序号	项目
1	制动闸瓦与制动轮间隙	6	制动器抱闸和松闸动作
2		7	制动器抱闸和松闸的声音
3		8	
4		9	平层误差
5	制动衬磨损		

二、认识制动器

通过查阅电梯构造等相关书籍以及查找网络资源等方式，获取制动器的分类、作用、结构、工作原理等基本知识，为后期制动器的年度维护保养作业提供理论依据。

1. 查阅电梯构造书籍，在横线上填写卧式电磁制动器结构图中各主要部件的名称。

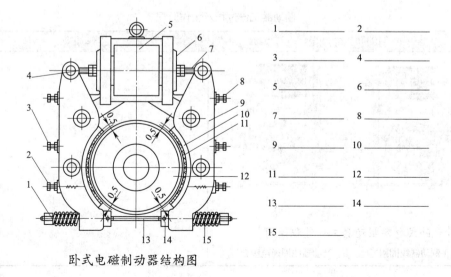

卧式电磁制动器结构图

1_____　2_____

3_____　4_____

5_____　6_____

7_____　8_____

9_____　10_____

11_____　12_____

13_____　14_____

15_____

2. 在表中填写制动器部件实物图对应的名称。

制动器部件实物图及其名称

实物图	名称

3. 查阅电梯构造书籍和相关资料，写出下列三种不同结构制动器的工作原理。

制动器工作过程及工作原理

制动器工作过程	工作原理
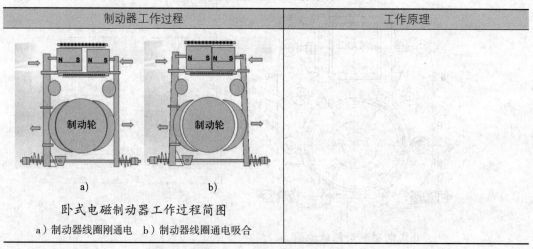	

a) b)

卧式电磁制动器工作过程简图

a）制动器线圈刚通电 b）制动器线圈通电吸合

续表

制动器工作过程	工作原理
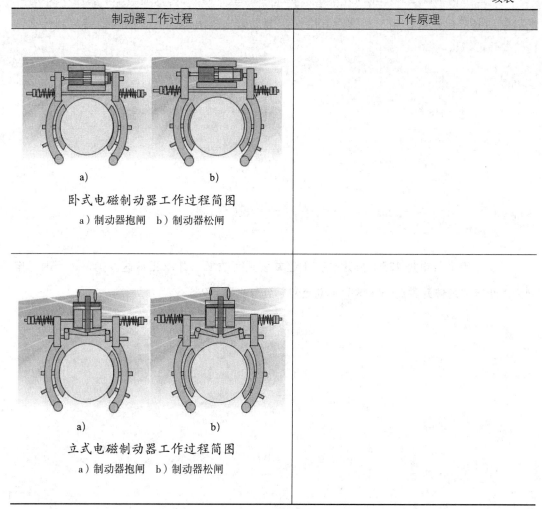	

卧式电磁制动器工作过程简图

a）制动器抱闸　b）制动器松闸

立式电磁制动器工作过程简图

a）制动器抱闸　b）制动器松闸

4. 制动器是电梯重要安全部件，查阅《电梯制造与安装安全规范》（ GB 7588—2003 ）和《电梯安装验收规范》（ GB/T 10060—2011 ）等国家标准、规范对制动器的作用的规定，回答下列问题。

（1）电梯制动器是保证电梯安全运行的装置，电梯制动器起到的作用是什么？

（2）当电梯载重是额定载荷并以正常速度向下运行时，电网突然断电或急停开关动作，这时制动器应起什么作用？若这时其中一组制动臂出现故障，另一组制动臂起到什么作用？

（3）当电梯载重是 125% 额定载荷（超载装置有故障）并以正常速度向下运行时，电网突然断电或急停开关动作，这时制动器应起到什么作用？

（4）简述在电梯静载试验中轿厢载重情况和制动器的功能要求。

5. 在电梯设备中使用的制动器类型有很多种，请查阅电梯构造书籍和搜索网络，了解制动器的类型。

（1）将下面的制动器图片与对应名称连线。

立式制动器

盘式制动器

卧式制动器

方块式制动器

（2）常见的有齿曳引机制动器类型是_____，按其制动器线圈和铁芯摆放位置又可分为_____和_____，常见无齿曳引机制动器类型是_____和_____。

6. 在电梯设备中，联轴器常用的是有齿曳引机，它将_____轴和_____轴连接在一起，常用的电梯联轴器类型分别为_____和_____。

7. 查阅《电梯维护保养规则》中对制动器保养项目的规定，填写制动器日常保养项目要求表。

制动器日常保养项目要求表

项目	操作简图	作业内容和要求
1. 检查制动器各销轴部位（半月保）		
2. 检查制动衬与制动轮间隙（半月保）		
3. 检查抱闸芯（半月保）		
4. 检查制动衬（季度保）	制动片 橡胶垫片 制动瓦	
5. 检查电动机与减速机联轴器螺栓（半年保）		
6. 检查抱闸螺钉松紧情况和接线		
7. 铁芯行程测定		

续表

项目	操作简图	作业内容和要求
8. 检查制动器检测开关（半年保）		
9. 检查制动器铁芯（柱塞）		
10. 测量制动器制动弹簧压缩量（年度保）		

学习活动 2　确定维护保养流程

学习目标

> 1. 明确制动器日常维护保养内容和参数调整方法。
>
> 2. 能通过查阅《电梯维护保养手册》，明确制动器年度维护保养工具、仪器和物料需求。
>
> 3. 能通过与电梯管理人员沟通，明确制动器年度维护保养时间、工作环境要求和安全措施。
>
> 4. 能阅读电梯日常维护保养记录，明确制动器各部件维护保养状态。
>
> 5. 结合被维护保养电梯实际情况，根据电梯相关国家标准和《电梯维护保养手册》，确定制动器年度维护保养作业流程。
>
> 建议学时　4 学时

学习过程

一、认识制动器的日常维护保养内容

根据制动器年度维护保养作业检查表的要点，查阅电梯构造书籍和《电梯维护保养手册》，查看被维护保养电梯的制动器，明确制动器日常维护保养内容。

制动器日常维护保养操作主要是清洁、润滑和检查等，请查阅相关资料，明确下列维护保养内容。

1. 制动器线圈温升不超过_____，最高温度不超过_____。

2. 每周对制动器上各活动销轴加一次_____。

3. 每季度给电磁铁芯与制动器铜套加一次_____。

4. 制动轮不能有油污，若有，可用_____擦净表面；制动轮表面有划痕或高温焦化颗粒时，可用_____。

5. 制动闸皮磨损量超过_____，应更换。

6. 制动闸瓦与制动轮间隙不应大于_____。

7. 固定制动闸瓦的铆钉头不能_____制动轮，铆钉头埋入闸皮的座孔深度不能小于_____。

二、了解制动器的参数调整方法

制动器的相关重要参数对制动器功能有重要影响，请查阅相关资料，填写制动器参数调整方法表。

制动器参数调整方法表

序号	调整项目	操作简图	调整方法
1	调整制动弹簧装配值	安装弹簧 调整装配值	（1）将_____制动弹簧初步紧固 （2）调整左右两边制动弹簧装配值为_____，并且左右两边装配值为_____，最后上紧_____
2	调整铁芯间隙	移动铁芯	（1）将两个铁芯向_____移动 （2）当两铁芯端面顶住，才_____铁芯

续表

序号	调整项目	操作简图	调整方法
2	调整铁芯间隙	两铁芯接触 左边铁芯凹进制动器外壳深度 右边铁芯凹进制动器外壳深度 调整两铁芯间隙	（3）测量左边铁芯凹进制动器外壳深度是____mm，右边铁芯凹进制动器外壳深度是____mm，通过上面两个测量值得到两个铁芯之间活动间隙最大值是____mm （4）调整两铁芯间隙为3 mm，则调整左边铁芯凹进制动器外壳深度是____mm，右边铁芯凹进制动器外壳深度是____mm，上紧_____ 若两铁芯间隙过大，会导致_____；若两铁芯间隙过小，会导致_____

续表

序号	调整项目	操作简图	调整方法
3	调整松闸量限位螺栓	 调整松闸量限位螺栓1 调整松闸量限位螺栓2	调整左、右两边的松闸量限位螺栓与定位块的间隙，用塞尺测量其间隙为＿＿mm，最后上紧＿＿＿＿＿ 　左、右两边的松闸量限位螺栓与定位块的间隙过大会导致制动器松闸过量，＿＿＿＿＿＿；若间隙过小会导致＿＿＿＿＿
4	调整制动闸与制动轮的间隙	 调整制动闸与制动轮的间隙	（1）手动松闸，用＿＿＿＿检测左、右两边制动闸瓦上半部与制动轮间隙，其值为＿＿mm 　（2）手动松闸，用＿＿＿＿检测左、右两边制动闸瓦下半部与制动轮间隙，其值为＿＿＿＿mm 　（3）若左、右两边制动闸瓦上、下半部与制动轮间隙都是0.5 mm，则＿＿＿＿＿部位先磨损过量 　（4）若左、右两边制动闸瓦上半部与制动轮间隙都是0.4 mm，左、右两边制动闸瓦下半部与制动轮间隙都是0.8 mm，则制动闸瓦定位螺栓的调整顺序是＿＿＿＿

三、明确制动器年度维护保养工具、仪器和物料需求

查阅《电梯维护保养手册》，明确制动器年度维护保养对工具、仪器和物料的需求，并填写制动器年度维护保养工具、仪器和物料需求表。

制动器年度维护保养工具、仪器和物料需求表

序号	名称（是否选用）	数量	规格	序号	名称（是否选用）	数量	规格
1	安全帽 （□是　□否）	2个		13	手电筒 （□是　□否）	1个	
2	工作服 （□是　□否）	2套		14	砂纸 （□是　□否）	若干	
3	铁头安全鞋 （是□　否□）	2双		15	地槛清洁专用铲 （□是　□否）	1个	
4	安全带 （□是　□否）	2条		16	卷尺 （□是　□否）	1个	
5	便携工具箱 （□是　□否）	1个		17	钢直尺 （□是　□否）	各1个	
6	工具便携袋 （□是　□否）	2个		18	吹风机 （□是　□否）	1个	
7	维修标志（严禁合闸） （□是　□否）	1块		19	二硫化钼润滑剂 （□是　□否）	5 mL 以上	
8	防护垫 （□是　□否）	1块		20	锂基润滑脂 （□是　□否）	适量	
9	层门止动胶	2块		21	弹簧拉力计 （□是　□否）	1个	
10	洁净抹布 （□是　□否）	适量		22	百分表及支架 （□是　□否）	1套	
11	油漆扫（大、小） （□是　□否）	各1把		23	万用表 （□是　□否）	1台	
12	刮刀 （□是　□否）	1把		24	一字旋具 （□是　□否）	各1个	

续表

序号	名称（是否选用）	数量	规格	序号	名称（是否选用）	数量	规格
25	卡簧钳 （□是　□否）	各 1个		37	注油壶 （□是　□否）	1个	
26	斜塞尺 （□是　□否）	1个		38	油性笔 （□是　□否）	各1支	
27	塞尺组件 （□是　□否）	1个		39	电池式烙铁 （□是　□否）	1个	
28	层门专用塞板 （□是　□否）	1套		40	DU衬套装卸工具 （□是　□否）	1套	
29	十字旋具 （是□　否□）	各 1个		41	电工胶布 （□是　□否）	1卷	
30	一字旋具 （□是　□否）	各 1个		42	扎带 （□是　□否）	30条	
31	钢丝钳 （□是　□否）	1个		43	内六角扳手 （□是　□否）	1套	
32	斜口钳 （□是　□否）	1个		44	黄油枪 （是□　否□）	1把	
33	尖嘴钳 （□是　□否）	1个		45	磁力线坠 （□是　□否）	1个	
34	活扳手 （□是　□否）	1把		46	兆欧表 （□是　□否）	1台	
35	呆扳手 （□是　□否）	1套		47	维修标志（保养中） （□是　□否）	1块	
36	胶锤 （□是　□否）	1个		48	单耳制动垫圈 （□是　□否）	2只	

四、与电梯使用管理人员沟通协调

查阅制动器年度维护保养作业检查表，就被维护保养电梯名称、工作时间、维护保养内容、实施人员、需要物业配合的内容等与电梯管理人员进行沟通，填写制动器年度维护保养沟通信息表，并告知物业管理人员制动器年度维护保养任务，保障制动器年度维护保养工作顺利开展。

制动器年度维护保养沟通信息表

1. 基本信息

用户单位		用户地址	
联系人		联系电话	
沟通方式	□电话　□面谈　□电子邮件　□传真　□其他		

2. 沟通内容

电梯管理编号		电梯代号	
维护保养日期	年　月　日　时　分至　年　月　日　时　分		
电梯使用情况	（1）平层情况：　□正常　□不正常 （2）启动情况：　□正常　□不正常 （3）制动情况：　□正常　□不正常 （4）开关门情况：□正常　□不正常		
维护保养内容	制动器年度维护保养　□已告知　□未告知		
物业管理单位 配合内容	（1）在显眼位置粘贴"年度维护保养告示书"　□已告知　□未告知 （2）确认备用梯　　　　　　　　　　　　　□确认　□未确认 （3）物业管理跟进人员　　　　　　　　　　□确认　□未确认 （4）物业管理处的安全紧急预案　　　　　　□确认　□未确认 （5）物业管理处对维护保养作业环境要求：		

五、明确制动器年度维护保养作业流程

通过查阅《电梯维护保养手册》、制动器年度维护保养作业检查表、《电梯曳引机》（GB/T 24478—2009）的"4.2.2制动系统"、《电梯制造与安装安全规范》（GB 7588—2003）的"12.4制动系统"、《电梯技术条件》（GB/T 10058—2009）的"3.5驱动主机"、《电梯安装验收规范》（GB/T 10060—2011）的"5.1.8驱动主机"、《电梯试验方法》（GB/T 10059—2009）的"4.1.13曳引能力"和"4.1.11机－电式制动器"和电梯生产厂家对制动器部件维护保养要求，小组配合完成制动器年度维护保养作业流程表的填写。

制动器年度维护保养作业流程表

1. 工作人员信息

维护保养人		维护保养日期	

2. 电梯基本信息

电梯管理编号		电梯型号	
用户单位		用户地址	
联系人		联系电话	

3. 近期制动器维护保养记录

序号	维护保养项目	要求	维护保养记录	维护保养效果
1	制动器松闸和抱闸噪声情况	（1）松闸或抱闸噪声不能过大 （2）不能有铁芯撞击声		□符合 □不符合
2	制动衬片厚度	衬片厚度不小于4 mm（磨损厚度小于2 mm）		□符合 □不符合
3	两组制动臂同步性	两组制动臂动作要同步协调		□符合 □不符合
4	制动器松闸和抱闸动作情况	动作快且无卡阻		□符合 □不符合
5	平层误差	少于±10 mm，按《电梯安装验收规范》（GB/T 10060—2011）规定		□符合 □不符合
6	制动器线圈最高温升	不高于80℃		□符合 □不符合
7	已更换部件			

4. 制动器年度维护保养作业流程

作业顺序	作业项目	主要内容	主要安全措施
第一步	准备工作		
第二步	实施前有关事项确认		

续表

作业顺序	作业项目	主要内容	主要安全措施
第三步	蹲对重		
第四步	做记号和数据记录		
第五步	解体抱闸		
第六步	检查和清洁		
第七步	组装抱闸		
第八步	参数调整		
第九步	复位检查和调整		
第十步	制动力矩确认和静载试验		
第十一步	快车运行检查		

学习活动 3 维护保养前期准备

学习目标

1. 熟悉制动器润滑油的特性以及常用工具的使用方法等。

2. 能领取和检查制动器年度维护保养工具、仪器和物料。

3. 能通过小组讨论明确制动器年度维护保养作业危险因素和应对措施。

4. 能以小组合作的方式完成制动器年度维护保养前有关事项确认。

5. 能以小组合作方式，检查和记录制动器工作状态数据，小组讨论确定制动器工作状态。

建议学时 4 学时

学习过程

一、认识制动器润滑油及常用工具的使用方法

1. 认识制动器润滑油

（1）二硫化钼用于制动器电磁铁芯与铜套之间的润滑，根据制动器工作特性，二硫化钼应具备的特性有（　　）。

A. 热稳定性好　B. 抗压性好　C. 非磁性材料　D. 能降低摩擦因数　E. 防卡咬

（2）判断下列有关二硫化钼使用的说法是否正确。

1）不能用黏附在容器盖子内侧的二硫化钼来涂抹制动器。（　　）

2）由于容器内的二硫化钼可能沉淀固化，所以使用前必须用木棍充分搅拌约 3 min，使二硫化钼的黏稠度较高。（　　）

3）若没有足量二硫化钼，可以将其与其他油类混合使用。（　　　）

4）涂抹二硫化钼前，制动器必须清洁铁芯和铁芯铜套。（　　　）

二硫化钼的使用

a）瓶装二硫化钼　b）二硫化钼搅拌

（3）判断下列关于锂基润滑脂的说法是否正确。

1）锂基润滑脂按黏稠度等级分为 1#、2#、3#，其具有良好的抗水性、机械安定性、防腐蚀性和氧化安定性，适用于工作温度为 120 ～ 240℃内各种机械设备的滚动轴承和滑动轴承及其他摩擦部位的润滑。（　　　）

2）通过颜色变黑、味道变臭、变稀、乳化严重、杂质多等方式，可判断锂基润滑脂已经变质。（　　　）

锂基润滑脂

2. 认识百分表

（1）百分表是一种精度较高的比较量具，它只能测出＿＿＿＿＿＿，不能测出＿＿＿＿＿＿，主要用于检测工件的＿＿＿＿＿＿，也可用于校正零件的＿＿＿＿＿＿位置以及测量零件的＿＿＿＿＿＿等。

A. 相对数值　　　B. 形状和位置误差　　　C. 安装

D. 绝对值　　　E. 内径　　　F. 外径

（2）百分表由三个主要部件组成，其中传动系统的组成部件有＿＿＿＿＿＿＿＿＿＿＿＿。

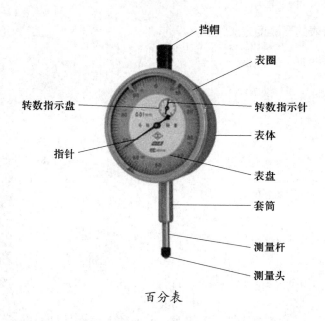

百分表

（3）百分表的检查方法

百分表调零

a）调整前　b）调整后

用手转动表盘，写出检查百分表的零位方法：

写出检查百分表的灵敏度方法：

观察百分表灵敏度

（4）百分表的使用

下面以测联轴器为例，展示百分表的使用，写出百分表的使用方法。

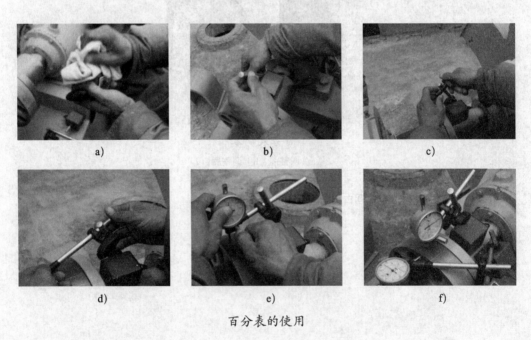

百分表的使用

（5）百分表的读数

百分表的读数

读出百分表的数值：_____mm

3. DU 衬套装卸工具的使用

下图分别为 DU 衬套装卸工具图和 DU 衬套更换操作图，请写出 DU 衬套更换操作流程。

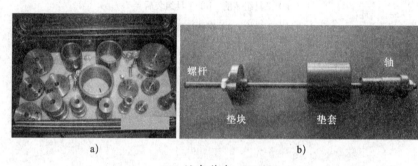

a) b)

DU 衬套装卸工具图

a）DU 衬套装卸专用工具　b）DU 衬套装卸工具实物图

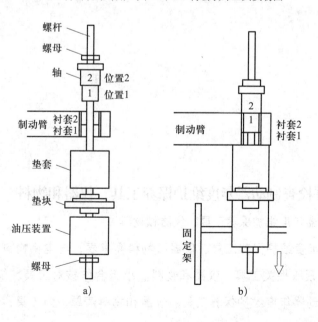

a) b)

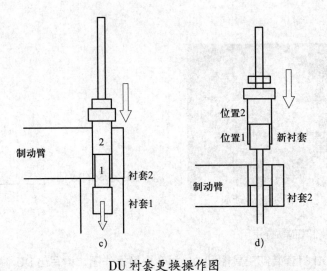

DU 衬套更换操作图

a）工具组装前　b）工具组装后

c）将衬套 1 推出　d）用新衬套将衬套 2 推出

DU 衬套更换操作流程如下：

二、领取并检查制动器年度维护保养工具、仪器和物料

1. 领取制动器年度维护保养工具、仪器和物料

　　查询制动器年度维护保养工具、仪器和物料需求表，与电梯物料仓管人员沟通，从电梯物料仓管处领取相关工具、仪器和物料。小组合作核对工具、仪器和物料的规格、数量，并填写制动器年度维护保养工具、仪器和物料清单，为工具、仪器和物料领取提供凭证。

制动器年度维护保养工具、仪器和物料清单

维护保养人		时间	
用户单位		用户地址	

年度要求（在半年保基础上增加）（填写说明：在相应□打√和填写相应规格）

序号	名称	规格	数量	领取人签名	归还人签名	归还检查
1	活扳手		1 把			□完好　□损坏
2	呆扳手		1 套			□完好　□损坏
7	钢直尺		各 1 个			□完好　□损坏
8	塞尺		1 个			□完好　□损坏
9	油性笔		红色、黑色各 1 支			□完好　□损坏
10	百分表及支架		1 套			□完好　□损坏
11	十字旋具		2 个			□完好　□损坏
13	一字旋具		2 个			□完好　□损坏
15	卡簧钳		各 1 个			□完好　□损坏
16	吹风机		1 个			□完好　□损坏
17	内六角扳手		1 套			□完好　□损坏
18	二硫化钼润滑剂		5 mL 以上			□完好　□损坏
19	锂基润滑脂		适量			□完好　□损坏
20	电工胶布		1 卷			□完好　□损坏
21	扎带		30 条			□完好　□损坏
22	砂纸		若干			□完好　□损坏
23	洁净抹布		适量			□完好　□损坏
24	DU 衬套装卸工具		1 套			□完好　□损坏
25	兆欧表		1 台			□完好　□损坏
26	单耳制动垫圈		2 只			□完好　□损坏
27	胶锤		1 个			□完好　□损坏

物料管理人员发放签名：　　　　　　　　　　　　维护保养人员领取签名：

日期：　年　月　日　　　　　　　　　　　日期：　年　月　日

物料管理人员验收归还物品签名：

日期：　年　月　日

2. 检查制动器年度维护保养工具、仪器和物料

根据制动器年度维护保养工具、仪器和物料清单，对制动器年度维护保养的重点工具、仪器和物料进行检查。

制动器年度维护保养重点工具、仪器和物料检查表

序号	名称	检查标准	检查结果
1	百分表	（1）外观良好，无损坏 （2）能手动调零 （3）动作灵敏	□正常 □不正常
2	机械式兆欧表	（1）外观良好，无损坏 （2）零件齐全 （3）开路测试正常 （4）短路测试正常	□正常 □不正常
3	DU 衬套装卸工具	（1）外观良好，无损坏 （2）零件齐全 （3）螺栓正常	□正常 □不正常
4	二硫化钼润滑剂	（1）没有变色 （2）没有干涸	□正常 □不正常
5	锂基润滑脂	（1）没有变色 （2）没有变味 （3）没有变硬 （4）没有变稀 （5）没有乳化严重	□正常 □不正常

三、制动器年度维护保养作业危险因素及实施前有关事项确认

1. 确定主要作业危险因素及应对措施

查阅《电梯维护保养手册》对制动器年度维护保养作业的安全措施规定，以小组合作的方式对安全措施进行分析、总结，罗列制动器年度维护保养主要危险因素，确定制动器年度维护保养主要危险因素的应对措施，填写作业现场危险预知活动报告书，提高维护保养作业人员安全意识。

作业现场危险预知活动报告书

日期	作业现场名称	作业单位	作业内容	组织者（作业长）	检查员或保养站长确认

一、身体状况确认	
二、安全防护用具检查	□安全帽　□安全带　□安全鞋　□作业服

三、危险要因及对策

序号	危险要因及对策	提出人
1	危险要因： 对策：	
2	危险要因： 对策：	
3	危险要因： 对策：	
4	危险要因： 对策：	

四、小组行动目标	
五、参与人员签名	

2. 确认实施制动器年度维护保养前有关事项

按照《电梯维护保养手册》的制动器年度维护保养前安全措施规定和工作状态检查项目内容，核对制动器型号和设置安全护栏，确认照明、通信装置、主电源开关和急停开关功能正常，检查制动器松闸噪声和动作灵活性、平层误差，填写制动器年度维护保养实施前确认事项表。

制动器年度维护保养实施前确认事项表

序号	确认项目	操作简图	项目内容	完成情况
1	告知电梯管理人员	尊敬金嘉大厦业主： 您们好！根据电梯保养合同规定，本公司将于2017年11月5日9点至13点期间对金嘉大厦1号楼的制动器进行年度保养，因此保养期间暂停使1号楼，请业主们使用右电梯，如有给您不便敬请谅解，多谢配合！ 某某电梯公司 2017年10月28日 制动器年度保养告示：	确认在显眼位置张贴制动器年度维护保养作业告示书	□完成 □未完成
			确认备用电梯正确使用	□完成 □未完成
			确认发生安全事故处理办法	□完成 □未完成

续表

序号	确认项目	操作简图	项目内容	完成情况
2	设置安全护栏和警示牌		在下端站层门设置安全护栏和警示牌	□完成 □未完成
			在基站层门设置安全护栏和警示牌	□完成 □未完成
			在上端站层门设置安全护栏和警示牌	□完成 □未完成
3	确认照明装置和通信装置		确认底坑照明装置的功能正常	□完成 □未完成
			确认轿顶照明装置的功能正常	□完成 □未完成
			确认通信装置的功能正常	□完成 □未完成

续表

序号	确认项目	操作简图	项目内容	完成情况
4	确认急停开关和主电源开关		确认底坑急停开关、轿顶急停开关、轿内急停开关和机房急停开关的功能正常	□完成 □未完成
			确认主电源开关的功能正常	□完成 □未完成
5	确认电梯载重		确认电梯载重情况是空载	□完成 □未完成
6	确认制动器型号		通过制动器弹簧刻度板上标志的型号确认制动器类型	□完成 □未完成

续表

序号	确认项目	操作简图	项目内容	完成情况
7	确认有无拖抱闸声		运行中确认无拖抱闸声	□是 □否
8	制动器抱闸和松闸是否有较大撞击声		确认电梯启动和制动时无较大撞击声	□是 □否
9	平层误差是否在允许范围		《电梯安装验收规范》（GB/T 10060—2011）对电梯平层误差允许范围是 ±10 mm　电梯空载并处于正常运行状态	□是 □否
			从下端站向上端站运行和从上端站向下端点运行，测量轿厢运行至下端站平层误差是＿＿mm、轿厢运行至中间楼层（运行方向是上）平层误差是＿＿mm、轿厢运行至中间楼层（运行方向是下）平层误差是＿＿mm、轿厢运行至上端站平层误差是＿＿mm	□是 □否
10	安全操作规范		观察制动器动作时，不靠近和触摸电控柜、曳引机组等带电部件和旋转部件	□是 □否
			测量平层误差时，确认没有第三方人员进入和轿内急停开关处于急停状态	□是 □否

学习活动 4　维护保养实施

学习目标

1. 认识制动器解体作业以及制动器组装与调整作业。

2. 能以小组合作方式实施蹲对重项目操作。

3. 能以小组合作方式，遵守安全操作规范，对制动器各部件做记号，测量制动器铁芯间隙和行程、制动弹簧长度、制动轮闸瓦与制动轮间隙、制动器抱闸开关动作间隙。

4. 能以小组合作方式，遵守安全操作规范，对制动器进行解体操作，对制动器线圈、制动器铁芯、制动轮、制动臂、制动闸瓦和联轴器进行清洁、润滑和检查，并根据检查结果，更换易损部件。

5. 能以小组合作方式，遵守安全操作规范，对制动器进行组装操作，检查并调整制动器铁芯间隙和行程、制动弹簧长度、制动轮与制动闸瓦间隙和制动器抱闸开关动作间隙。

6. 遵守安全操作规程和 6S 管理规定。

建议学时　22 学时

学习过程

一、制动器解体维护保养作业

1. 认识制动器解体作业

（1）在解体制动器前，实施蹲对重的作业。

1）蹲对重的作用。通过蹲对重操作，使对重压住对重缓冲器，使曳引钢丝绳与曳引轮之间没有_____，确保制动器年度维护保养作业过程中不会发生电梯轿厢_____事故。

2）填写蹲对重流程。

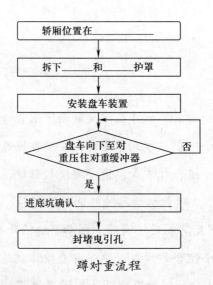

蹲对重流程

3）填写蹲对重子步骤操作要点表。

蹲对重子步骤操作要点表

序号	子步骤	操作要点
1	盘车操作	盘车过程中两名电梯技术人员配合并做好_____制度
2	盘车向下至对重压住对重缓冲器	转动盘车手轮过程中出现盘车轮_____现象，确认对重压住对重缓冲器
3	进出底坑	（1）人为打开最底层层门，注意保持身体_____平稳 （2）进入底坑时，按下_____和接通底坑照明 （3）通过_____进出底坑 （4）离开底坑时，复位底坑照明和_____

（2）在解体制动器前，对制动器主要部件实施标记。

1）对制动器部件做标记的作用。正确标记制动器各部件，作为_____制动器依据。

2）填写部件标记子步骤操作要点表。

部件标记子步骤操作要点表

序号	子步骤	操作要点
1	标记方向参考点	操作人员站在电动机_____，面对抱闸，左侧部件标记_____，右侧部件标记_____
2	需要标记的部件	部件有_____等

（3）在解体制动器前，对制动器重要参数实施测量，填写制动器解体前重要参数测量要点表。

制动器解体前重要参数测量要点表

序号	参数	参数测量要点
1	电枢与推杆支撑座距离	电枢与推杆支撑座距离是指电枢端面与推杆支撑座_____的间隙
2	抱闸前铁芯间隙	铁芯间隙是指电枢与_____的间隙
3	检测开关间隙	（1）人为使制动器_____ （2）制动器_____后，在检测开关与电枢之间插入_____，以便检测开关_____动作时，检测到数据为读取数值
4	抱闸后铁芯间隙	（1）测量前，调整制动臂的调节螺栓与铁芯固定钢板之间有足够_____，以使铁芯动作 （2）人为使制动器_____
5	制动器衬与制动轮间隙	用盘车装置正反方向盘车，目测确认制动轮表面_____，同时可使用_____确认制动闸瓦和制动轮工作表面间隙
6	测量制动器线圈绝缘电阻	机械式兆欧表_____接制动器线圈的接线端，_____接制动器外壳

（4）对制动器实施解体

1）制动器解体的作用。制动器解体的主要作用是清洁、润滑和检查_____，_____制动器衬片。

2）填写制动器解体流程。

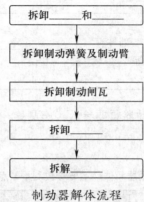

制动器解体流程

3）填写制动器解体子步骤操作要点表。

制动器解体子步骤操作要点表

序号	子步骤	操作要点
1	拆卸制动弹簧	（1）在拉杆螺纹处涂_____ （2）通过松开_____拆卸制动弹簧，松开过程中要让弹簧弹力_____释放
2	拆卸制动臂	（1）松开制动弹簧螺母和取出制动弹簧等需_____制动臂，防止制动臂_____ （2）将制动臂从拉杆处拉出时，需_____制动臂

2. 实施制动器解体作业

按照《电梯维护保养手册》中蹲对重、对制动器部件做标记、测量制动器重要参数和制动器解体维护保养作业的内容，遵循蹲对重和制动器解体作业流程要求，实施制动器主要部件（包括制动器铁芯、制动轮、制动臂、制动闸瓦、制动器抱闸开关、制动器线圈绝缘、制动衬片和 DU 衬套）的维护保养作业，填写制动器解体维护保养作业记录表，确认制动器各主要部件功能符合使用要求。

制动器解体维护保养作业记录表

一、蹲对重

序号	项目	操作简图	项目内容	完成情况
1	轿厢位置		（1）将电梯运行至顶层平层位置 （2）将轿内检修开关打至检修状态，轿内急停开关打至急停状态 （3）确认轿门和层门关闭	（1）□完成 □未完成 （2）□完成 □未完成 （3）□完成 □未完成
2	拆卸曳引机和钢丝绳护罩		（1）断开主电源开关并挂"有人操作，严禁合闸"警示牌 （2）拆卸曳引机护罩 （3）拆卸曳引机钢丝绳护罩	（1）□完成 □未完成 （2）□完成 □未完成 （3）□完成 □未完成
3	安装盘车装置		（1）安装盘车手轮，手动转动盘车手轮，确定制动器有效 （2）安装松闸手柄 （3）确认盘车方向向下	（1）□完成 □未完成 （2）□完成 □未完成 （3）□完成 □未完成

续表

序号	项目	操作简图	项目内容	完成情况
4	盘车向下至对重压住缓冲器		（1）手握盘车手轮的操作人员是组长时负责发出松和停的指令 （2）手握松闸手柄的操作人员听从组长指挥松闸和抱闸，并且回复松和停 （3）每一次松闸，只能转动盘车手轮90° （4）当盘车手轮转不动时，才停止盘车	（1）□完成 □未完成 （2）□完成 □未完成 （3）□完成 □未完成 （4）□完成 □未完成
5	进底坑确认对重压住缓冲器		（1）人为打开最底层层门，注意保持身体重心平稳 （2）进入底坑时，按下急停开关和接通底坑照明 （3）通过底坑梯进出底坑 （4）离开底坑时，复位底坑照明和急停开关 （5）确认对重架撞板压住对重缓冲器	（1）□完成 □未完成 （2）□完成 □未完成 （3）□完成 □未完成 （4）□完成 □未完成 （5）□完成 □未完成
6	封堵曳引孔		使用布封堵机房曳引钢丝绳孔	□完成 □未完成

续表

二、对制动器部件做标记

序号	项目	标记简图	项目内容	标记完成情况
1	制动臂和制动闸瓦		（1）正确区分左右方向 （2）在制动闸瓦上标注上或下箭头	（1）□完成 □未完成 （2）□完成 □未完成
2	主机座和推杆支撑座		（1）推杆支撑座区分左右 （2）在推杆支撑座与主机座之间画定位线	（1）□完成 □未完成 （2）□完成 □未完成
3	主机座和检测开关支架		（1）在检测开关支架与主机座之间画定位线 （2）检测开关支架区分左右	（1）□完成 □未完成 （2）□完成 □未完成
4	端子排和推杆支撑座		（1）用电工胶布在电线标注相应端子号 （2）在端子排和推杆支撑座之间画定位线	（1）□完成 □未完成 （2）□完成 □未完成

续表

序号	项目	标记简图	项目内容	标记完成情况
5	电枢铁芯		在电枢铁芯和电枢线圈外壳之间画定位线	□完成 □未完成

三、测量制动器重要参数

序号	参数项目	测量简图	检测数据	注意事项
1	制动弹簧装配值		左装配值：＿＿mm 右装配值：＿＿mm	按图示测量
2	电枢与推杆支撑座距离		左距离：＿＿mm 右距离：＿＿mm	电枢与推杆支撑座距离是指电枢端面与推杆支撑座的距离间隙
3	抱闸前铁芯间隙		间隙值：＿＿mm	铁芯间隙是指电枢与线圈盒的间隙

续表

序号	参数项目	测量简图	检测数据	注意事项
4	检测开关间隙		左开关间隙：____mm 右开关间隙：____mm	（1）人为使制动器松闸 （2）制动器松闸后，在检测开关与电枢之间插入塞尺，以检测开关刚动作时检测到的数据为读取数值
5	抱闸后铁芯间隙		间隙值：____mm	（1）测量前，调整制动臂的调节螺栓与铁芯固定钢板之间有足够间隙，以使铁芯动作 （2）人为使制动器松闸
6	制动器衬与制动轮间隙		左上间隙值：____mm 左下间隙值：____mm 右上间隙值：____mm 右下间隙值：____mm	用救援装置正/反方向盘车，目测确认制动轮表面清洁无油污，同时可使用塞尺确认制动闸瓦和制动轮工作表面间隙

续表

序号	参数项目	测量简图	检测数据	注意事项
7	测量制动器线圈绝缘电阻		绝缘电阻值是____Ω	（1）正确使用机械式兆欧表 （2）正确读数 （3）绝缘电阻值要大于 0.5 MΩ

四、制动器解体维护保养

序号	步骤	操作简图	操作内容
1	拆卸接线端子排和开关支架	 抱闸接线端子排和开关支架的摆放	（1）拆卸工具和型号： （2）拆卸注意事项： （3）是否按左图所示摆放抱闸接线端子排和开关支架（在相应□打√）：□符合□不符合 （4）检查检测开关功能正常的方法：
2	制动弹簧及制动臂维护保养	 a）拉杆螺纹处涂锂基润滑脂 b）松开制动弹簧固定螺母 c）拆卸弹簧推杆固定销	

续表

序号	步骤	操作简图	操作内容
2	制动弹簧及制动臂维护保养	d) 扶住制动臂 制动臂轻放 e) 轻放制动臂 f) 移出制动臂固定销 g) 摆放制动臂 h) 摆放制动弹簧 拆卸制动弹簧及制动臂操作简图	（1）拆卸工具和型号，物料： （2）拆卸注意事项： （3）是否按左图所示拆卸和摆放制动弹簧和制动臂（在相应□打√）：□符合□不符合
		DU衬套 制动臂 DU 衬套位置	（1）检查 DU 衬套损耗情况的方法： （2）更换标准：出现以下任一情况时需更换

续表

序号	步骤	操作简图	操作内容
2	制动弹簧及制动臂维护保养	DU衬套放大图： 衬套金属圈（金黄色） 涂层圈（灰色） 当涂层圈已磨损1/3或以上时，DU衬套需更换（灰色） 120° 占整圈的1/3 正常使用　　需要更换 DU 衬套更换标准	1）涂层圈（灰色）磨损等于或超过_____ 2）金属圈（金黄色）外露面积等于或超过_____ 3）由于 DU 衬套内侧涂层为聚四氟乙烯（PTFE）和铅的混合物，起润滑作用，所以禁止_____清洁和注油
3	制动闸瓦和制动轮维护保养	止动垫圈 限位螺栓 固定螺栓 制动臂 a）制动闸瓦固定 止动垫圈 将此处的垫圈曲起 b）实物图 c）已拆限位螺栓和止动垫圈 d）已拆固定螺栓 拆卸制动闸瓦操作简图	（1）拆卸工具和型号： （2）写出拆卸制动闸瓦过程：

序号	步骤	操作简图	操作内容
3	制动闸瓦和制动轮维护保养	 a）清洁制动衬表面 b）清洁半球 c）清洁半球支撑部位 d）润滑半球 e）润滑半球支撑部位 清洁、润滑制动闸瓦操作	（1）清洁和润滑物料： （2）写出清洁和润滑过程：

续表

序号	步骤	操作简图	操作内容
3	制动闸瓦和制动轮维护保养	 制动片 橡胶垫片 制动瓦 a）检查制动衬厚度 b）检查制动衬固定螺栓紧固情况 c）更换制动衬 d）检查固定螺栓埋入深度 检查和更换制动衬操作	（1）检查并更换工具和型号： （2）制动衬厚度小于____mm时，需要更换；闸瓦固定螺栓的顶面与新制动片的上表面间隙大于____mm （3）检查和更换过程：
		 清洁制动轮操作	（1）清洁物料和型号： （2）当制动轮出现锈迹时，才需要清洁和研磨制动轮

续表

序号	步骤	操作简图	操作内容
4	拆卸支撑架及维护保养制动器电枢	a）松开支撑架螺栓 　b）松开支撑架 　c）拆卸制动器线圈座 　d）已拆制动器线圈座 拆卸支撑架操作	（1）拆卸工具和型号： （2）写出拆卸支撑架过程：
		a）与主机连接座的限位销 　b）拆钢板	（1）拆卸工具和型号：

续表

序号	步骤	操作简图	操作内容
4	拆卸支撑架及维护保养制动器电枢	 c）压缩弹簧 d）拆钢板 e）减震铜环垫圈 f）拆解电枢 g）已拆部件摆放 拆解制动器电枢	（2）写出拆解电枢过程：
		 a）清洁铁芯垫片	（1）清洁物料和型号：

续表

序号	步骤	操作简图	操作内容
4	拆卸支撑架及维护保养制动器电枢	b）清洁铁芯 c）清洁铜套 d）微量勺取二硫化钼 e）铜套一侧放置二硫化钼 f）铜套另一侧放置二硫化钼	（2）写出清洁和润滑铁芯过程：

续表

序号	步骤	操作简图	操作内容
4	拆卸支撑架及维护保养制动器电枢	g) 涂抹二硫化钼 h) 均匀涂抹 i) 铁芯放置二硫化钼 j) 涂抹二硫化钼 k) 均匀涂抹 清洁和润滑铁芯	

二、制动器组装和调整作业

1. 认识制动器组装和调整作业

查阅《电梯维护保养手册》对组装制动器流程和制动器参数调整流程的规定，通过网络查找相关资料，观看相关操作视频，通过观察和整理，总结制动器组装和制动器参数调整的操作要点。

（1）认识制动器组装作业

1）制动器组装。按原来_____确定部件安装位置，按制动器解体作业流程的_____组装制动器。

2）填写制动器组装流程。

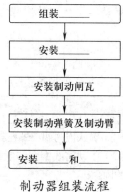

制动器组装流程

3）填写制动器组装子步骤操作要点表。

制动器组装子步骤操作要点表

序号	子步骤	操作要点
1	组装制动器电枢	根据部件标记，按拆卸步骤的反方向，将_____按顺序组装，收紧钢板固定螺栓
2	安装支撑架	使用_____安装限位销
3	安装制动闸瓦	（1）碟形弹簧片按方向安装，并且碟形弹簧片数量要与_____相同 （2）更换_____止动垫圈并且止动垫圈一边要_____ （3）上紧固定螺栓，还需要_____
4	安装制动弹簧及制动臂	初步_____制动弹簧，并且两边弹簧长度_____

（2）认识调整制动器重要参数作业

1）制动器参数调整的作用是_____。

2）填写制动器参数调整流程。

调整＿＿＿＿＿＿＿

↓

调整＿＿＿＿＿＿＿

↓

调整＿＿＿＿＿＿＿

↓

调整＿＿＿＿＿＿＿

制动器参数调整流程

（3）填写制动器参数子步骤调整要点表

制动器参数子步骤调整要点表

序号	子步骤	操作要点
1	调整电枢与制动器线盒的间隙	（1）确认抱闸调节螺栓与铁芯顶杆有＿＿＿＿＿＿＿ （2）手动将线圈盒和电枢向中间挤压，确认电枢与制动器线盒的间隙＿＿＿＿＿＿＿
2	调整检测开关动作行程	先用＿＿＿＿＿＿＿检测开关与制动器外壳间隙，后用＿＿＿＿＿＿＿检测开关行程
3	调整制动弹簧装配值	按＿＿＿＿＿＿＿参数调整制动弹簧装配值
4	调整制动铁芯间隙	（1）通过＿＿＿＿＿＿＿调整制动铁芯间隙 （2）正确使用＿＿＿＿＿＿＿检测间隙

2. 实施制动器组装和调整作业

按照《电梯维护保养手册》中制动器组装和参数调整的内容，遵守制动器组装调整作业流程要求，实施制动器铁芯组装和调整、制动器检测开关安装和调整、制动弹簧安装、制动闸瓦安装的作业，填写制动器组装和调整作业记录表，确认制动器功能符合使用要求。

制动器组装和调整作业记录表

一、制动器组装

序号	项目	操作简图	项目内容	完成情况
1	组装制动器电枢及支撑架	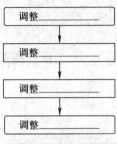 a）已组装电枢	（1）组装制动器电枢 （2）安装支撑架	（1）□完成 □未完成 （2）□完成 □未完成

续表

序号	项目	操作简图	项目内容	完成情况
1	组装制动器电枢及支撑架	 b）安装支撑架限位销 组装电枢和安装支撑架操作		
2	安装制动闸瓦	 a）碟形弹簧片的组合 b）组装碟形弹簧片 c）初步紧固固定螺栓 止动垫圈 将此处的垫圈曲起 d）安装止动垫圈 安装制动闸瓦	（1）按方向组装碟形弹簧片 （2）紧固固定螺栓 （3）安装止动垫圈	（1）□完成 □未完成 （2）□完成 □未完成 （3）□完成 □未完成

序号	项目	操作简图	项目内容	完成情况
3	安装制动弹簧		（1）初步紧固制动弹簧 （2）左、右制动弹簧压缩长度约相等	（1）□完成 □未完成 （2）□完成 □未完成

二、调整制动器重要参数

序号	参数项目	调整简图	检测数据	调整方法
1	调整电枢与制动器线盒的间隙		间隙值： ____mm	写出调整方法：
2	调整检测开关动作行程	a) 固定端子排 b) 初步固定开关支架 c) 检测开关与制动器间隙	（1）左检测开关与制动器外壳间隙：____mm （2）右检测开关与制动器外壳间隙：____mm （3）左检测开关动作行程：____mm （4）右检测开关动作行程：____mm	写出调整方法：

续表

序号	参数项目	调整简图	检测数据	调整方法
2	调整检测开关动作行程	 d）检测开关行程 e）固定开关支架 调整检测开关动作行程操作		
3	调整制动弹簧装配值	 a）　　　　　b） c）　　　　　d） 调整制动弹簧装配值操作	（1）左边弹簧装配值：___mm （2）右边弹簧装配值：___mm	写出调整方法：
4	调整制动铁芯间隙	 a）固定百分表　b）调整一侧制动臂调节螺栓 c）调整另一侧制动臂调节螺栓　d）紧固调节螺栓，调整制动铁芯间隙 调整制动铁芯间隙	（1）调整一侧制动臂调节螺栓时百分表读数：___mm （2）调整另一侧制动臂调节螺栓时百分表读数：___mm	写出调整方法：

学习活动 5　维护保养质量自检

学习目标

　　1. 能以小组合作的方式，根据电梯国家相关标准、规范和《电梯维护保养手册》规定，进行制动器年度维护保养质量自检。

　　2. 能以小组合作的方式，遵守安全操作规范，正确实施轿厢位置复位操作。

　　3. 能以小组合作的方式，遵守安全操作规范，正确实施终端保护开关功能验证操作。

　　4. 能正确填写制动器年度维护保养作业检查表，并交付电梯管理人员和电梯维护保养组长。

　　5. 能按 6S 管理规范，整理并清洁工具、仪器、物料和工作环境，归还工具、仪器和物料，将制动器年度维护保养作业检查表存档。

　　建议学时　4 学时

学习过程

一、认识电梯复位和运行检查

　　查阅《电梯维护保养手册》对电梯复位和电梯运行检查的流程规定，通过网络查找相关资料，观看相关操作视频，通过观察和整理，总结电梯复位、制动力矩确认和静载试验的操作要点。

1. 在组装和调整制动器后,实施电梯复位。

(1)填写电梯复位流程

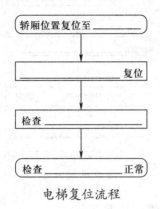

电梯复位流程

(2)填写电梯复位子步骤操作要点表

电梯复位子步骤操作要点表

序号	子步骤	操作要点
1	轿厢位置复位至顶层平层位置	通过_____将轿厢盘车向上移动,通过曳引钢丝绳的_____确认轿厢在平层位置
2	缓冲器开关和轿内急停开关复位	(1)按进出底坑操作规程,进入底坑确认_____复位 (2)打开顶层门时,注意身体重心保持平稳,并确认轿厢平层误差_____
3	检查制动器制动情况	(1)电梯处于_____状态 (2)电梯运行范围_____ (3)检查_____情况和_____情况 (4)离开底坑时,复位底坑照明和_____
4	检查上极限保护开关正常	(1)按_____操作规程,进入轿顶 (2)按下_____,电梯不能_____

2. 在复位电梯后,检查制动器维护保养质量

(1)确认制动力矩

根据_____规定,通过上行制动试验、下行制动试验和静载试验确认制动力矩足够大。

上行制动试验是指轿厢载重为_____,以_____速度_____行时,切断电动机与制动器供电,轿厢应当被_____,并且无明显变形和损坏。

下行制动试验是指轿厢装载_____倍额定载质量,以正常运行速度_____行至行程_____部,切断电动机与制动器供电,曳引机应当_____运转,轿厢应当完全停止。

（2）填写静载试验流程。

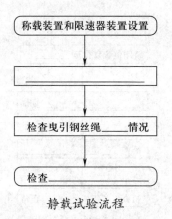

称载装置和限速器装置设置

检查曳引钢丝绳_____情况

检查_____

静载试验流程

（3）填写电梯运行检查子步骤操作要点表

电梯运行检查子步骤操作要点表

序号	子步骤	操作要点
1	检修下行制动检查	（1）电梯处于_____状态 （2）电梯运行出发层_____ （3）通过_____，制停电梯 （4）确认电梯_____制停
2	静载试验	（1）轿厢位置是_____ （2）轿厢载重是_____额定载重，并且_____分布 （3）装载砝码后，检查_____误差 （4）关闭层门_____min，检查_____误差
3	快车运行试验	（1）检测_____平层误差 （2）拧紧螺杆并且作_____

二、实施电梯复位和运行检查

按照《电梯维护保养手册》中电梯复位和运行检查的内容，遵守电梯复位和静载试验作业流程要求，实施轿厢位置复位、安全开关复位、制动器动作情况检查、制动力矩确认的作业，填写电梯复位和运行检查作业记录表，评估电梯制动器维护保养质量。

电梯复位和运行检查作业记录表

一、电梯复位

序号	步骤	步骤内容	完成情况
1	轿厢复位	用机械松闸方式盘车，将轿厢移至_____位置	□完成 □未完成
2	缓冲器开关和轿内急停开关复位	（1）操作人员进入底坑 （2）缓冲器开关复位（在缓冲器为_____的场合，不必进行此项操作） （3）操作人员用机械钥匙打开顶层层门，确认轿厢在_____时，进入轿厢 （4）确认轿内的检修开关拨向_____状态，复位急停开关	（1）□完成 □未完成 （2）□完成 □未完成 （3）□完成 □未完成 （4）□完成 □未完成
3	检查制动器制动情况	（1）机房恢复电梯电源 （2）轿厢人员使电梯在最顶三层检修运行 （3）机房人员检查制动器的制动情况： 1）运行时，制动衬片是否触及制动轮而发出_____ 2）检测开关_____，如不良，则调整	（1）□完成 □未完成 （2）□完成 □未完成 （3）□完成 □未完成
4	检查上极限保护开关正常	（1）轿厢位于_____ （2）按_____操作规程，进入轿顶 （3）在轿顶_____运行电梯至上极限开关处 （4）按下上极限开关 （5）急停开关复位，按下_____或者_____，电梯都不能运行	（1）□完成 □未完成 （2）□完成 □未完成 （3）□完成 □未完成 （4）□完成 □未完成 （5）□完成 □未完成

续表

二、电梯运行检查

序号	步骤	步骤内容	组内互评
1	检修下行制动检查	写出检查方法：	
2	静载 150% 试验	写出试验方法：	
3	快车运行检查	写出检查方法：	

三、制动器年度维护保养质量自检

根据电梯国家相关标准、规范和《电梯维护保养手册》规定，进行制动器年度维护保养质量自检，填写制动器年度维护保养质量评估记录表。

制动器年度维护保养质量评估记录表

1. 电梯型号：
2. 制动器类型：
3. 维护保养作业时间：

序号	评估项目	项目情况记录		有关规定	评估结果	评价
		维护保养前	维护保养后			
1	平层误差	最大误差：	最大误差：			
2	松闸和抱闸动作灵活性及噪声					
3	制动弹簧装配值	左边弹簧装配值： 右边弹簧装配值：	左边弹簧装配值： 右边弹簧装配值：			
4	抱闸开关动作间隙	左边间隙： 右边间隙：	左边间隙： 右边间隙：			

续表

序号	评估项目	项目情况记录		有关规定	评估结果	评价
		维护保养前	维护保养后			
5	抱闸铁芯间隙					
6	制动衬与制动间隙					
7	制动衬厚度					
8	制动力力矩检查	1. 检查方法： 2. 检查结果：				

根据上述项目的情况记录和结果判断，本次制动器年度维护保养质量评估结果是：

签名：　　　　　日期：

四、6S 管理登记

按 6S 管理登记表要求，整理并清洁工具、仪器、物料和工作环境；填写制动器年度维护保养作业检查表并把制动器年度维护保养作业检查表（使用单位联）交给电梯使用单位电梯管理人员签名确认；把工具、仪器和物料归还电梯物料仓管处，并办理归还手续；把制动器年度维护保养作业检查表（电梯维护保养单位联）交给电梯维护保养组长签名确认，并把制动器年度维护保养作业检查表（电梯维护保养单位联）交给技术档案管理部门存档。

6S 管理登记表

序号	项目内容	项目要求	完成情况	组内互评
1	整理并清洁工具、仪器、物料和工作环境	（1）如数收集工具、仪器并整理放置在工具箱中 （2）整理并收拾物料 （3）清理机房、底坑和相应层站 （4）清洁工作鞋底 （5）收拾安全护栏、警示牌	（1）□完成　□未完成 （2）□完成　□未完成 （3）□完成　□未完成 （4）□完成　□未完成 （5）□完成　□未完成	

序号	项目内容	项目要求	完成情况	组内互评
2	电梯管理人员签名维护保养单	（1）电梯管理人员对维护保养质量进行评价 （2）将制动器年度维护保养作业检查表（使用单位联）交给电梯管理人员签名确认 （3）电梯管理人员提出其他服务要求	（1）□完成　□未完成 （2）□完成　□未完成 （3）□完成　□未完成	
3	电梯维护保养组长签名维护保养单	（1）电梯维护保养组长对维护保养质量进行复核 （2）将制动器年度维护保养作业检查表（电梯维护保养单位联）交给电梯管理人员签名确认 （3）电梯维护保养组长提出其他服务要求	（1）□完成　□未完成 （2）□完成　□未完成 （3）□完成　□未完成	
4	归还工具、仪器和物料，将文件存档	（1）将工具、仪器和物料归还，并办理手续 （2）将制动器年度维护保养作业检查表存档 （3）将所借阅资料归还	（1）□完成　□未完成 （2）□完成　□未完成 （3）□完成　□未完成	

互评小结：

学习活动6　工作总结与评价

学习目标

　　1. 每组能派代表展示工作成果，说明本次任务的完成情况，进行分析总结。

　　2. 能结合任务完成情况，正确规范地撰写工作总结。

　　3. 能就本次任务中出现的问题提出改进措施。

　　4. 能对学习与工作进行反思总结，并能与他人开展良好合作，进行有效沟通。

　　建议学时　2学时

学习过程

一、个人、小组评价

　　以小组为单位，选择演示文稿、展板、海报、视频等形式中的一种或几种，向全班展示、汇报工作成果。在展示的过程中，以小组为单位进行评价；评价完成后，根据其他小组对本组展示成果的评价意见进行归纳总结。

　　汇报思路设计：

其他小组成员的评价意见：

二、教师评价

认真听取教师对本小组展示成果优缺点以及在完成任务过程中出现的亮点和不足的评价意见，并做好记录。

1. 教师对本小组展示成果优点的点评。

2. 教师对本小组展示成果缺点及改进方法的点评。

3. 教师对本小组在整个任务完成过程中出现的亮点和不足的点评。

三、工作过程回顾及总结

1. 在团队学习过程中，项目负责人给你分配了哪些工作任务？你是如何完成的？还有哪些需要改进的地方？

2. 总结完成制动器的维护保养学习任务过程中遇到的问题和困难，列举 2 ~ 3 点你认为比较值得和其他同学分享的工作经验。

3. 回顾学习任务的完成过程，对新学到的专业知识和技能进行归纳与整理，撰写工作总结。

工作总结

_____

_____

_____

_____

_____

_____

_____

_____

_____

_____

评价与分析

按照客观、公正和公平的原则，在教师的指导下按自我评价、小组评价和教师评价三种方式对自己或他人在本学习任务中的表现进行综合评价。综合等级按 A（90 ~ 100）、B（75 ~ 89）、C（60 ~ 74）、D（0 ~ 59）四个级别填写在表中。

学习任务综合评价表

考核项目	评价内容	配分（分）	评价分数		
			自我评价	小组评价	教师评价
职业素养	安全防护用品穿戴完备，仪容仪表符合工作要求	5			
	安全意识、责任意识强	6			
	积极参加教学活动，按时完成各项学习任务	6			
	团队合作意识强，善于与人交流和沟通	6			
	自觉遵守劳动纪律，尊敬师长，团结同学	6			
	爱护公物，节约材料，管理现场符合 6S 管理标准	6			
专业能力	专业知识扎实，有较强的自学能力	10			
	操作积极，训练刻苦，具有一定的动手能力	15			
	技能操作规范，遵守检修工艺，工作效率高	10			
工作成果	制动器的维护保养符合工艺规范，检修质量高	20			
	工作总结符合要求	10			
总　　分		100			
总评	自我评价 ×20%+ 小组评价 ×20%+ 教师评价 ×60%=	综合等级	教师（签名）：		

学习任务六　门系统的维护保养

学习目标

1. 能通过阅读门系统年度维护保养作业检查表，明确门系统年度维护保养项目。

2. 能通过阅读《电梯维护保养手册》，明确门系统维护保养的方法、工艺要求。

3. 能确定门系统年度维护保养作业流程。

4. 能选用和检查门系统年度维护保养工具、仪器和物料，完成门系统年度维护保养前有关事项确认。

5. 能正确穿戴安全防护用品，执行门系统维护保养作业安全操作规程。

6. 能够通过小组合作方式，按照门系统年度维护保养作业计划表，完成门系统的年度维护保养工作。

7. 能按规范检查和评估门系统年度维护保养质量，并正确填写门系统年度维护保养作业检查表。

8. 能按 6S 管理规范，整理并清洁场地，归还物品，将文件存档。

9. 能完成门系统年度维护保养工作总结与评价。

建议学时

40 学时

工作情景描述

电梯维护保养公司按合同要求需要对某小区一台三层三站的 TKJ800/0.63–JX 有机房电梯（曳引比为 1∶1）的重要安全部件进行年度维护保养作业。电梯维护保养工从电梯维护保养组长处领取任务，要求在 4 h 内完成门系统年度维护保养作业，完成后交付验收。

工作流程与活动

学习活动 1　明确维护保养任务（2 学时）

学习活动 2　确定维护保养流程（4 学时）

学习活动 3　维护保养前期准备（6 学时）

学习活动 4　维护保养实施（22 学时）

学习活动 5　维护保养质量自检（4 学时）

学习活动 6　工作总结与评价（2 学时）

学习活动 1　明确维护保养任务

学习目标

1. 能通过阅读电梯年度维护保养作业计划表和门系统年度维护保养作业检查表，明确门系统维护保养项目。

2. 熟悉门系统的分类、作用、结构和工作原理等基本知识，明确门系统年度维护保养项目的技术标准。

建议学时　2 学时

学习过程

一、明确门系统维护保养项目

1. 阅读电梯年度维护保养作业计划表

电梯维护保养工从维护保养组长处领取电梯年度维护保养作业计划表，包括维护保养人、维护保养日期、地点、梯号和年检等信息，了解涉及门系统维护保养的项目信息。

电梯年度维护保养作业计划表

电梯管理编号	合同号	梯号		服务形式	用户名或地址		竣工日期	用户联系人	
01101080	T001				金鹰大厦某区某路 105 号			李强	
梯型	NPH	梯速（m/s）		0.63	载重（kg）	800	停站数	3	站序	北区一站

工作项目		要求			年内次数	月份												保养者署名		
		检查	清理	调整		1	2	3	4	5	6	7	8	9	10	11	12	月　日	署名
1	主楼层外门装置	√	√	√	1														
2	轿厢门，门闸锁，电气装置	√	√	√	1														

（1）电梯门系统的维护保养项目有哪些？

（2）门系统维护保养项目的工作要求是什么？

（3）应什么时间实施门系统维护保养项目？

2. 阅读门系统年度维护保养作业检查表

查阅《电梯维护保养规则》中对门系统年度维护保养项目的规定，获取门系统维护保养信息，明确门系统维护保养任务，填写下面的门系统年度维护保养作业检查表。

门系统年度维护保养作业检查表

*1. 门系统维护保养作业实施整个过程必须使用此检查表，记录下列全部项目。

*2. 此检查表需要经过审核、批准后，到下次维护保养整体设备时为止放在客户档案里保存（下次解体整体设备作业完成，替换成最新版本）。

客户编号	客户名	客户联系电话	使用登记号	作业地址	作业实施日期

电梯型号	额定速度	额定载荷	层 / 站	门系统型号	档案号

（1）作业前必须确认事项

序号	确认事项	确认情况	注意事项
1	作业人员是否已接受门系统维护保养作业培训	□是　□否	未接受培训者不得参与维护保养作业

续表

序号	确认事项	确认情况	注意事项
2	安全操作措施是否完成	□是 □否	必须按安全操作规程规定完成
3	工具和物料是否齐全	□是 □否	必须按《电梯维护保养手册》的工具清单准备齐全
4	与客户沟通协调是否全面	□是 □否	（1）与客户沟通了解电梯使用情况和使用要求 （2）与客户沟通协调作业时间、安全要求和备用梯情况

（2）维护保养前需确认事项

序号	确认事项	确认情况	注意事项
1	层门与轿门开关门状态	□是 □否	开关门过程是否顺畅，无顿挫感
2	层门与轿门开关门速度	□是 □否	是否符合开门"快－慢－停"，关门"快－慢－更慢－停"
3	层门滑块	□是 □否	是否开关门过程中卡顿
4	门挂轮	□是 □否	是否运行顺畅
5	门锁电气触点	□是 □否	接触是否有效
6	锁紧元件啮合状态	□是 □否	啮合是否正常
7	门刀工作状态	□是 □否	与锁轮配合是否正常
8	门机传动带	□是 □否	传动带传动是否顺畅
9	其他问题	□是 □否	

（3）重要参数记录

序号	参数项目	作业前	作业后
1	层门滑块与地槛间隙	____mm	____mm
2	门挂轮导轨压轮间隙	____mm	____mm
3	门锁电气触点接触长度	____mm	____mm
4	锁紧元件啮合	啮合长度是____mm 锁钩与定位挡块间隙是____mm 啮合深度是____mm	啮合长度是____mm 锁钩与定位挡块间隙是____mm 啮合深度是____mm
5	门刀与挡轮距离	____mm	____mm
6	传动带利用30 N力后与平衡线的距离	____mm	____mm

（4）作业后需确认事项

序号	确认事项	确认情况	注意事项
1	层门与轿门开关门状态	□是　□否	开关门过程中是否顺畅，无顿挫感
2	层门与轿门开关门速度	□是　□否	是否符合开门"快－慢－停"，关门"快－慢－更慢－停"
3	层门滑块	□是　□否	是否开关门过程中卡顿
4	门挂轮	□是　□否	是否运行顺畅
5	门锁电气触点	□是　□否	接触是否有效
6	锁紧元件啮合状态	□是　□否	啮合是否正常
7	门刀工作状态	□是　□否	与锁轮配合是否正常
8	门机传动带	□是　□否	传动带传动是否顺畅

根据本次维护保养作业情况，需要申请更换或维修部件（不属于日常维护保养项目）：

维护保养员		维护保养组长	
使用单位			年　月　日
存档			年　月　日

3. 填写门系统维护保养信息表

在阅读电梯年度维护保养作业计划表和门系统年度维护保养作业检查表要点后，填写门系统维护保养信息表。

门系统维护保养信息表

（1）工作人员信息

维护保养人		维护保养日期	

（2）电梯基本信息

电梯编号		电梯型号	
用户单位		用户地址	
联系人		联系电话	

（3）工作内容

序号	维护保养项目	序号	维护保养项目
1	层门滑块	5	
2		6	
3		7	
4	门锁锁紧元件啮合长度	8	

二、认识门系统

通过查阅电梯构造等相关书籍以及查找网络资源等方式，获取门系统专项部件的分类、作用、结构和工作原理等基本知识，为后期门系统年度维护保养作业提供理论依据。

1. 根据电梯运行原理，填写下列电梯门系统专项部件的名称和工作原理。

电梯门系统专项部件的名称和工作原理

序号	实物图	名称	工作原理
1			
2			
3			

序号	实物图	名称	工作原理
4			
5			
6			
7			

2. 根据下列三幅图，写出以下门系统各部件名称。

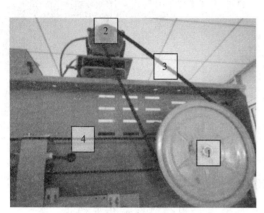

门系统部件一

1＿＿＿＿＿2＿＿＿＿＿3＿＿＿＿＿4＿＿＿＿＿

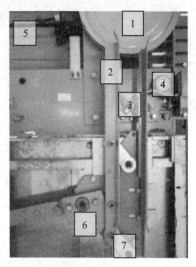

门系统部件二

1＿＿＿＿＿2＿＿＿＿＿3＿＿＿＿

4＿＿＿＿＿5＿＿＿＿＿6＿＿＿＿＿7＿＿＿＿＿

门系统部件三

1＿＿＿＿＿2＿＿＿＿＿3＿＿＿＿＿4＿＿＿＿＿

3. 简述门系统的作用。

学习活动 2　确定维护保养流程

 学习目标

1. 明确门系统日常维护保养要求和调整方法。

2. 能通过查阅《电梯维护保养手册》，明确门系统年度维护保养工具、仪器和物料需求。

3. 能通过与电梯管理人员沟通，明确门系统年度维护保养时间、工作环境要求和安全措施。

4. 能结合被维护保养电梯实际情况，根据电梯相关国家标准和《电梯维护保养手册》，确定门系统年度维护保养作业流程。

建议学时　4 学时

 学习过程

一、认识门系统日常维护保养要求

根据门系统年度维护保养作业检查表的要点，查阅电梯构造书籍和《电梯维护保养手册》，查看被维护保养电梯的门系统，明确门系统日常维护保养内容。

门系统日常维护保养要求表

序号	部位	维护保养基本要求	维护保养周期
1	吊门滚轮及门锁轴承	补充注油	每半月
2	门滚轮滑道	擦洗补油	每半月
3	开关门电动机轴承	补充注油	每半月

续表

序号	部位	维护保养基本要求	维护保养周期
4	传动机构	应灵活可靠	每半月
5	打板与限位开关	应无松动，碰打压力应合适	每半月
6	开关门速度	应符合要求	每半月
7	门锁电气触点	应清洁，触点接触良好，接线可靠	每半月
8	门系统的电气安全装置	应工作正常	每季度
9	门系统中的传动钢丝绳链条、传动带	按制造单位要求进行清洁、调整	每季度
10	厅门门导靴	磨损量不超过制造单位的要求	每季度
11	厅门轿门的门扇	门扇各相关间隙应符合要求	每季度
12	厅门装置和地槛	无影响正常使用的变形，各安装螺栓紧固	每年

二、了解门系统的参数调整方法

1. 轿门系统的调整方法

（1）检查轿门门板有无变形、划伤、撞蹭、下坠及掉漆等现象：当吊门滚轮磨损使门下坠，其下端面与轿厢踏板的间隙小于_____时，应更换滚轮或调整其间隙为_____。

（2）检查并调整吊门滚轮上偏心挡轮与导轨下端面的间隙应不大于_____mm，以使门扇在运行时平稳，无跳动现象。

（3）检查门导轨有无松动，门导靴（滑块）在门槛槽内运行是否灵活，两者的间隙是否_____。保持清洁或加润滑油，门导靴磨损严重的应及时更换。

（4）检查门滑轮及配合的_____有无磨损，紧固螺母有无松动。

（5）检查门上的连杆铰接部位有无磨损和润滑的情况，连杆能否灵活决定门的启闭情况，当电梯因故障中途停止时，轿门应能在里面用手扒开，其扒门力应为_____N。

（6）门扇未装联动机构前，在门扇的_____处，沿导轨的_____方向牵引门扇时其阻力应小于_____N，即用手移动门扇应轻便灵活。

（7）检查轿门门刀上的紧固螺栓有无松动移位，门刀与层门有关构件之间的间隙是否符合要求；门刀、各层层门地槛、自动门锁装置的滚轮与轿厢地槛间的间隙均应为_____mm。

（8）检查轿门关闭后的对接门缝隙应不大于_____mm。

2. 层门系统的调整方法

（1）层门的导轨、吊门滚轮、_____、对门的牵引力、_____等，凡与轿门相同的部分均应按轿门的检查内容进行检查。

（2）检查层门的_____，应灵活可靠，在层门_____后，必须保证不能从外面开启，检查的方法是：两人在_____，一人操作检查开关慢上或慢下，每到达各层层门时停止运行，一人扒动门锁锁臂滚轮，使导电座与开关触点脱离；另一人按下按钮，如电梯_____则为合格。如能运行，则需及时修理或更换，绝对不能带"病"运行。需特别注意的是：如果发现门锁损坏，千万不能将门锁开关触点短接来使电梯再运行，否则会造成重大事故。

（3）检查层门上的联动机构，如滑轮有无_____、_____，传动钢丝绳有无_____等。

（4）检查层门在开关门过程中是否平滑、平稳，_____、_____和噪声；轿门与层门的系合装置的配合是否准确，无撞击声或其他异常声音。

三、明确门系统年度维护保养工具、仪器和物料需求

查阅《电梯维护保养手册》，明确门系统年度维护保养对工具、仪器和物料的需求，并填写门系统年度维护保养工具、仪器和物料需求表。

门系统年度维护保养工具、仪器和物料需求表

序号	名称（是否选用）	数量	规格	序号	名称（是否选用）	数量	规格
1	安全帽（□是　□否）	2个		8	防护垫（□是　□否）	2块	
2	工作服（□是　□否）	2套		9	层门止动器	2个	
3	铁头安全鞋（□是　□否）	2双		10	洁净抹布（□是　□否）	适量	
4	安全带（□是　□否）	2条		11	油漆扫（大、小）（□是　□否）	各1把	
5	便携工具箱（□是　□否）	1个		12	刮刀（□是　□否）	1把	
6	工具便携袋（□是　□否）	2个		13	手电筒（□是　□否）	1个	
7	维修标志（严禁合闸）（□是　□否）	1块		14	砂纸（□是　□否）	若干	

续表

序号	名称（是否选用）	数量	规格	序号	名称（是否选用）	数量	规格
15	地槛清洁专用铲 （□是 □否）	1个		32	斜口钳 （□是 □否）	1个	
16	卷尺 （□是 □否）.	1个		33	尖嘴钳 （□是 □否）	1个	
17	钢直尺 （□是 □否）	各1个		34	活扳手 （□是 □否）	1把	
18	吹风机 （□是 □否）	1个		35	呆扳手 （□是 □否）	1套	
19	二硫化钼润滑剂 （□是 □否）	5 mL		36	胶锤 （□是 □否）	1个	
20	锂基润滑脂 （□是 □否）	适量		37	电气原理图 （□是 □否）	1份	
21	弹簧拉力计 （□是 □否）	200 N		38	油性笔 （□是 □否）	各1支	
22	百分表及支架 （□是 □否）	1套		39	电池式烙铁 （□是 □否）	1个	
23	万用表 （□是 □否）	1台		40	DU衬套装卸工具 （□是 □否）	1套	
24	棉纱 （□是 □否）	1块		41	电工胶布 （□是 □否）	1卷	
25	防护垫 （□是 □否）	1张		42	扎带 （□是 □否）	30条	
26	斜塞尺 （□是 □否）	1个		43	内六角扳手 （□是 □否）	1套	
27	塞尺组件 （□是 □否）	1个		44	黄油枪 （□是 □否）	1把	
28	层门专用塞板 （□是 □否）	1套		45	磁力线坠 （□是 □否）	1个	
29	一字旋具 （□是 □否）	1个		46	兆欧表 （□是 □否）	1台	
30	十字旋具 （□是 □否）	1个		47	维修标志（维护保养 中）（□是 □否）	1块	
31	钢丝钳 （□是 □否）	1个		48	导线 （□是 □否）	1卷	

四、与电梯使用管理人员沟通协调

查阅门系统年度维护保养作业检查表，就被维护保养电梯名称、工作时间、维护保养内容、实施人员、需要物业配合的内容等与电梯管理人员进行沟通，填写门系统年度维护保养沟通信息表，并告知物业管理人员门系统年度维护保养任务，保障门系统年度维护保养工作顺利开展。

门系统年度维护保养沟通信息表

1. 基本信息

用户单位		用户地址	
联系人		联系电话	
沟通方式	□电话　□面谈　□电子邮件　□传真　□其他		

2. 沟通内容

电梯管理编号		电梯代号	
维护保养日期	年　月　日　时　分至　　年　月　日　时　分		
电梯使用情况	1. 平层情况：　　　□正常　□不正常 2. 启动情况：　　　□正常　□不正常 3. 层门轿门情况：　□正常　□不正常 4. 开关门情况：　　□正常　□不正常		
维护保养内容	门系统年度维护保养　□已告知　□未告知		
物业管理单位配合内容	1. 在显眼位置粘贴"年度维护保养告示书"　□已告知　□未告知 2. 确认备用梯　　　　　　　　　　　　　□确认　□未确认 3. 物业管理跟进人员　　　　　　　　　　□确认　□未确认 4. 物业管理处的安全紧急预案　　　　　　□确认　□未确认 5. 物业管理处对维护保养作业环境要求：		

五、明确门系统年度维护保养作业流程

查阅《电梯维护保养手册》、门系统年度维护保养作业检查表、《电梯制造与安装安全规范》（GB 7588—2003）、《电梯技术条件》（GB/T 10058—2009）、《电梯安装验收规范》（GB/T 10060—2011）、《电梯试验方法》（GB/T 10059—2009）和电梯生产厂家对门系统部件的维护保养要求，小组配合完成门系统年度维护保养作业流程表的填写。

门系统年度维护保养作业流程表

1. 工作人员信息

维护保养人		维护保养日期	

2. 电梯基本信息

电梯管理编号		电梯型号	
用户单位		用户地址	
联系人		联系电话	

3. 近期门系统维护保养记录

序号	维护保养项目	要求	维护保养记录	维护保养效果
1	层门与轿门开关门状态	开关门过程是否顺畅，无顿挫感		□符合 □不符合
2	层门与轿门开关门速度	是否符合开门"快–慢–停"，关门"快–慢–更慢–停"		□符合 □不符合
3	层门滑块	是否开关门过程中卡顿		□符合 □不符合
4	门挂轮	是否运行顺畅		□符合 □不符合
5	门锁电气触点	接触是否有效		□符合 □不符合
6	锁紧元件啮合状态	啮合是否正常		□符合 □不符合
7	门刀工作状态	与锁轮配合是否正常		□符合 □不符合
8	门机传动带	传动带传动是否顺畅		□符合 □不符合

4. 门系统年度维护保养作业流程

作业顺序	作业项目	主要内容	主要安全措施
第一步	准备工作		
第二步	检查层门滑块		

作业顺序	作业项目	主要内容	主要安全措施
第三步	进入轿顶操作		
第四步	检查轿门和层门门锁电气触点		
第五步	检查锁紧元件		
第六步	检查门挂板组件		
第七步	检查门机传动带		
第八步	检查门刀		

学习活动 3　维护保养前期准备

学习目标

1. 熟悉门系统维护保养时磁力线坠和厚薄规等工具的使用。

2. 能领取和检查门系统年度维护保养工具、仪器和物料。

3. 能通过小组讨论明确门系统年度维护保养作业危险因素和应对措施。

4. 能以小组合作的方式完成门系统年度维护保养前有关事项确认。

建议学时　6 学时

学习过程

一、认识磁力线坠和厚薄规

1. 认识磁力线坠

磁力线坠

磁力线坠是利用铅垂自重拉线形成垂直线的原理测量垂直度的一种仪器。测量门框垂直度的方法如下：

（1）将磁力线坠固定在_____，拉下铅锤，磁力线坠可直接吸附在_____上。

（2）用手轻触铅锤使其静止，利用_____测量磁力线坠的线与门框（或被测物体）之间的间距。至少测量_____、_____、_____三点的距离，取最大值为判定标准。

2. 认识塞尺

塞尺

塞尺也称为厚薄规，由薄钢片制成，并由若干片不同厚度的规片（尺）组成一组。它主要用来检查_____的缝隙，在每片尺片上都标注有其厚度为多少_____。厚薄规具有两个平行的测量平面，其长度制成 50 mm、100 mm 或 200 mm，测量厚度规格为 0.03 ~ 0.1 mm 的厚薄规，中间每片相隔 0.01 mm。如果厚度为 0.1 ~ 1 mm，则中间每片相隔 0.05 mm。

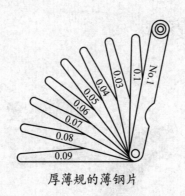

厚薄规的薄钢片

因为厚薄规的尺片很薄，所以操作时应当特别注意、仔细，稍不注意就会将尺片划伤。如果是若干尺片重合在一起使用，就应将最_____的尺片夹在中间。在使用塞尺前必须先将尺片擦拭干净。

（1）在门系统塞缝的操作方法如下：先将尺片_____塞进缝内，用左手拿尺套，用右手食指压住尺片，靠手指与尺片的_____轻轻地小心往前推（这种方法主要用于0.10 mm以下的薄尺片）。

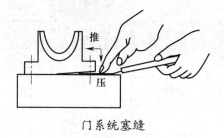

门系统塞缝

（2）在弧面上塞缝的操作方法与上述相同，但尺片要贴在_____上。

在弧面上塞缝

（3）在立缝上塞缝的操作方法如下：用左手拿_____，右手大拇指、食指尽量靠前捏住_____，轻轻地试着向里插。

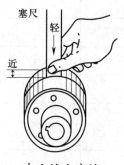

在立缝上塞缝

二、领取和检查门系统年度维护保养工具、仪器和物料

1. 领取门系统年度维护保养工具、仪器和物料

查询门系统年度维护保养工具、仪器和物料需求表，与电梯物料仓管人员沟通，从电梯物料仓管处领取相关工具、仪器和物料。小组合作核对工具、仪器和物料的规格、数量，并填写门系统年度维护保养工具、仪器和物料清单，为工具、仪器和物料领取提供凭证。

门系统年度维护保养工具、仪器和物料清单

维护保养人				时间		
用户单位				用户地址		
序号	名称	数量	规格	领取人签名	归还人签名	归还检查
1	防护垫	2块				□完好　□损坏
2	钢直尺	1个	300 mm			□完好　□损坏
3	塞尺	1个				□完好　□损坏
4	油性笔	各1支	红、黑			□完好　□损坏
5	内六角扳手	1套				□完好　□损坏
6	二硫化钼润滑剂	1支	5 mL以上			□完好　□损坏
7	锂基润滑脂	1瓶	适量			□完好　□损坏
8	磁力线坠	1个				□完好　□损坏
9	洁净抹布	适量				□完好　□损坏
10	卷尺	1个	3 m			□完好　□损坏
11	电气原理图	1份				□完好　□损坏
12	导线	1 m				□完好　□损坏
13	活扳手	1把				□完好　□损坏
14	呆扳手	1套				□完好　□损坏
15	十字旋具	1个				□完好　□损坏
16	一字旋具	1个				□完好　□损坏
17	百分表及支架	1套				□完好　□损坏
18	电工胶布	1卷				□完好　□损坏

物料管理人员发放签名：　　　　　　　　　　维护保养人员领取签名：

日期：　　年　月　日　　　　　　　　　　日期：　　年　月　日

物料管理人员验收归还物品签名：

日期：　　年　月　日

2. 检查门系统年度维护保养工具、仪器和物料

根据门系统年度维护保养工具、仪器和物料清单，对门系统年度维护保养的重点工具、物料进行检查。

门系统年度维护保养重点工具、物料检查表

序号	名称	检查标准	检查结果
1	磁力线坠	磁力线坠可直接吸附在门框上，拉线顺畅无阻碍	□正常 □不正常
2	塞尺	刻度数值清晰，尺片用过后要擦拭干净，涂上防腐油，妥善保管	□正常 □不正常
3	钢直尺	刻度数值清晰，尺身整体平直，无弯曲状况	□正常 □不正常

三、门系统年度维护保养作业危险因素及实施前有关事项确认

1. 确定主要作业危险因素及应对措施

查阅《电梯维护保养手册》对门系统年度维护保养作业的安全措施规定，以小组合作的方式对安全措施进行分析、总结，罗列门系统年度维护保养主要危险因素，确定门系统年度维护保养主要危险因素的应对措施，填写作业现场危险预知活动报告书，提高维护保养作业人员安全意识。

作业现场危险预知活动报告书

日期	作业现场名称	作业单位	作业内容	组织者（作业长）	检查员或保养站长确认

一、身体状况确认	
二、安全防护用具检查	□安全帽　□安全带　□安全鞋　□作业服

三、危险要因及对策

序号	危险要因及对策	提出人
1	危险要因： 对策：	
2	危险要因： 对策：	

续表

序号	危险要因及对策	提出人
3	危险要因： 对策：	
4	危险要因： 对策：	
四、小组行动目标		
五、参与人员签名		

2. 确认实施门系统年度维护保养前有关事项

按照《电梯维护保养手册》的门系统年度维护保养前安全措施规定和工作状态检查项目内容，核对门系统型号和设置安全护栏，确认照明、通信装置、主电源开关和急停开关功能正常，填写门系统年度维护保养实施前确认事项表。

门系统年度维护保养实施前确认事项表

序号	确认项目	操作简图	项目内容	完成情况
1	告知电梯管理人员		确认在显眼位置张贴门系统维护保养作业告示书	□完成 □未完成
			确认备用电梯正确使用	□完成 □未完成
			确认发生安全事故处理办法	□完成 □未完成
2	设置安全护栏和警示牌		在下端站层门设置安全护栏和警示牌	□完成 □未完成
			在基站层门设置安全护栏和警示牌	□完成 □未完成
			在上端站层门设置安全护栏和警示牌	□完成 □未完成

续表

序号	确认项目	操作简图	项目内容	完成情况
3	确认照明装置和通信装置		确认底坑照明装置的功能正常	□完成 □未完成
			确认轿顶照明装置的功能正常	□完成 □未完成
			确认通信装置的功能正常	□完成 □未完成
4	确认急停开关和主电源开关		确认底坑急停开关、轿顶急停开关、轿内急停开关和机房急停开关的功能正常	□完成 □未完成
			确认主电源开关的功能正常	□完成 □未完成

续表

序号	确认项目	操作简图	项目内容	完成情况
5	确认电梯载重		确认电梯载重情况是空载	□完成 □未完成
6	确认门系统型号		通过轿门、层门、开门机的铭牌确定门系统型号	□完成 □未完成
7	确认门系统开关状态		门系统开关门过程中无卡顿、异响、关门不到位等现象	□完成 □未完成
8	安全操作规范		观察门系统动作时，不靠近和触摸电控柜、曳引机组等带电部件和旋转部件	□是 □否
			测量平层误差时，确认没有第三方人员进入和轿内急停开关处于急停状态	□是 □否

学习活动 4　维护保养实施

学习目标

1. 认识门系统年度维护保养作业。

2. 能以小组合作的方式，实施对层门滑块的调整或磨损过量故障更换、门扇影响开关门顺畅性故障相关间隙调整的专项维护保养作业。

3. 能以小组合作的方式进入轿顶，实施对门系统轿门和层门门锁、电气触点锁紧元件啮合、门挂轮、门机传动带等元件因影响开关门动作故障的调整或更换的维护保养作业。

4. 能以小组合作的方式，实施对门系统门刀因与门挂轮等部件配合不顺畅或影响开关门动作等故障的调整或更换的维护保养作业。

建议学时　22 学时

学习过程

一、认识门系统年度维护保养作业

查阅《电梯维护保养手册》对门系统年度维护保养的规定，通过网络查找相关资料，观看相关操作视频，总结门系统年度维护保养的操作要点，填写门系统年度维护保养步骤操作要点表。

门系统专项维护保养步骤操作要点表

序号	步骤	操作要点
1	检查层门滑块	按门系统滑块维护保养工艺以及维护保养准备期参数测量规定，以小组合作方式，检查层门滑块的情况，是否存在_____或者_____等影响开关门动作的故障，从而判断是否需要进行调整或更换维修
2	检查层门门扇	检查层门门扇与门楣、地槛、门柱之间的_____，若间隙不符合要求，进行调整维修
3	进入轿顶操作	按照门系统轿门与层门门锁维护保养的流程和操作要求，以小组合作方式，进入轿顶操作作业。按操作规程开启_____，确认_____位置符合安全要求，进入轿顶前应先验证各_____，在_____制度下向下运行到一层，直至可对层门各元件安全操作调整为止
4	检查轿门和层门门锁电气触点	检查轿门和层门门锁电气触点是否失效，_____是否松脱或接触不良，从而影响开关门或者影响电梯运行
5	检查锁紧元件	检查锁紧元件的_____是否已不符合规范，从而会发生门关闭后能够用手扒开等故障现象
6	检查门挂板组件	检查门挂轮是否已经转动运行_____
7	检查门机传动带	检查门机传动带是否过松、过紧或者存在裂口等，从而导致_____等故障
8	检查门刀	以小组合作的形式将轿厢手动运行到门刀可检查与调整的高度，对门刀与滚轮的_____和运行配合情况进行检查，查看是否存在门刀机械部分形变或移位等故障现象，因门机传动带异常导致开关门速度异常，所以调整门机传动带的_____，出现裂口需要进行更换

二、实施门系统年度维护保养作业

　　按照《电梯维护保养手册》中门系统年度维护保养的内容，遵守门系统年度维护保养作业流程要求，实施门系统年度维护保养作业，填写门系统年度维护保养作业记录表，确认门系统功能符合使用要求。

门系统年维护保养作业记录表

序号	项目	图示	项目内容	完成情况	过程记录（主要参数）
1	检查层门滑块		（1）检查层门滑块的情况 （2）检查层门滑块是否磨损过量或者形变 （3）判断是否需要进行调整或更换维修	（1）□完成　□未完成 （2）□完成　□未完成 （3）□完成　□未完成	层门滑块与地槛间隙 作业前＿＿mm 作业后＿＿mm
2	检查层门门扇		（1）检查层门门扇与门楣、地槛、门柱之间的间隙 （2）若间隙不符合要求，进行调整维修	（1）□完成　□未完成 （2）□完成　□未完成	层门门扇与门楣间隙 作业前＿＿mm 作业后＿＿mm 层门门扇与地槛间隙 作业前＿＿mm 作业后＿＿mm 层门门扇与立柱间隙 作业前＿＿mm 作业后＿＿mm
3	进入轿顶操作		（1）按操作规程开启层门，确认轿厢位置符合安全要求 （2）进入轿顶前应先验证各安全保护开关，在应答制度下向下运行到一层 （3）直至可以对层门各元件进行安全操作调整为止	（1）□完成　□未完成 （2）□完成　□未完成 （3）□完成　□未完成	

续表

序号	项目	图示	项目内容	完成情况	过程记录（主要参数）
4	检查轿门和层门门锁电气触点		（1）检查轿门和层门门锁电气触点是否失效，接线是否松脱或接触不良 （2）进行电气触点维护保养或更换	（1）□完成 □未完成 （2）□完成 □未完成	门锁电气触点接触 作业前____mm 作业后____mm
5	检查锁紧元件		（1）检查锁紧元件的啮合长度是否已不符合规范，从而会发生门关闭后能够用手扒开等的故障现象 （2）进行锁紧元件维护保养或更换	（1）□完成 □未完成 （2）□完成 □未完成	啮合长度 作业前____mm 作业后____mm 锁钩与定位挡块间隙 作业前____mm 作业后____mm 啮合深度 作业前____mm 作业后____mm
6	检查门挂板组件		（1）检查门挂轮是否已经转动运行不顺畅或者形变 （2）进行门挂板组件维护保养或更换	（1）□完成 □未完成 （2）□完成 □未完成	门挂轮导轨压轮间隙 作业前____mm 作业后____mm

续表

序号	项目	图示	项目内容	完成情况	过程记录 （主要参数）
7	检查门机传动带		（1）检查门机传动带是否过松、过紧或者存在裂口等故障 （2）因门机传动带异常导致开关门速度异常，从而调整门机传动带松紧度，出现裂口需要更换	（1）□完成 　　□未完成 （2）□完成 　　□未完成	传动带利用30 N力后与平衡线的距离 作业前____mm 作业后____mm
8	检查门刀		（1）将轿厢手动运行到门刀可检查与调整的高度 （2）对门刀与滚轮的间隙和运行配合情况进行检查，查看门刀机械部分是否形变或存在移位等故障现象 （3）进行门刀维护保养或坏件更换	（1）□完成 　　□未完成 （2）□完成 　　□未完成 （3）□完成 　　□未完成	门刀与挡轮距离 作业前____mm 作业后____mm

学习活动 5   维护保养质量自检

 学习目标

1. 能以小组合作的方式，根据电梯国家相关标准、规范和《电梯维护保养手册》规定，进行门系统年度维护保养质量自检。

2. 能以小组合作的方式，遵守安全操作规范，正确实施电梯复位操作。

3. 能以小组合作的方式，遵守安全操作规范，正确实施电梯运行检查。

4. 能正确填写门系统年度维护保养作业检查表，并交付电梯管理人员和电梯维护保养组长。

5. 能按 6S 管理规范，整理并清洁工具、仪器、物料和工作环境，归还工具、仪器、物料，将门系统年度维护保养作业检查表存档。

建议学时 4 学时

 学习过程

一、门系统年度维护保养质量自检

根据电梯国家相关标准、规范和《电梯维护保养手册》规定，进行门系统年度维护保养质量自检，填写门系统年度维护保养质量评估记录表。

门系统年度维护保养质量评估记录表

1. 电梯型号：
2. 门系统类型：
3. 维护保养作业时间：

序号	评估项目	项目情况记录		有关规定	评估结果	评价
		维护保养前	维护保养后			
1	检查层门滑块					
2	检查层门门扇					
3	进入轿顶操作					
4	检查轿门和层门门锁电气触点					
5	检查锁紧元件					
6	检查门挂板					
7	检查门机传动带					
8	检查门刀					
9	电梯复位作业					

根据上述项目的情况记录和结果判断，本次门系统年度维护保养质量评估结果是：

签名：　　　　　日期：

二、认识电梯复位和运行检查

查阅《电梯维护保养手册》对电梯复位和电梯运行检查的流程规定，通过网络查找相关资料，观看相关操作视频，通过观察和整理，总结电梯复位和运行检查的操作要点。

1. 填写电梯复位和运行流程

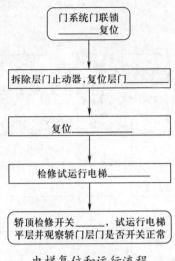

电梯复位和运行流程

2. 填写电梯复位和运行检查子步骤操作要点表

电梯复位和运行检查子步骤操作要点表

序号	子步骤	操作要点
1	门系统门联锁电气开关复位	门系统主门锁与_____触点检查，并复位安全回路和_____回路
2	拆除层门止动器，复位层门机械部分	拆除层门止动器，复位层门机械部分
3	复位轿顶急停开关	确认_____复位
4	检修试运行电梯上下行	（1）电梯处于_____状态 （2）运行过程中执行应答制度 （3）操作电梯检修上下行，确保电梯能够正常运行
5	轿顶检修开关复位，试运行电梯平层并观察轿门层门是否开关正常	（1）按_____操作规程，进出轿顶操作 （2）到达平层，观察_____门与_____门开关门情况

三、实施电梯复位和运行检查

按照《电梯维护保养手册》中电梯复位和运行检查的内容，遵守电梯复位和运行的作业流程要求，通过检查和观察，实施门系统层门与轿门关门复位、轿厢位置复位、安全开关复位等检查，填写电梯复位和运行检查作业记录表，评估电梯门系统维护保养质量。

电梯复位和运行检查作业记录表

1. 电梯复位

序号	步骤	步骤内容	完成情况
1	门系统门联锁电气开关复位		□完成 □未完成
2	拆除层门止动器，复位层门机械部分		□完成 □未完成
3	复位轿顶急停开关		□完成 □未完成

2. 电梯运行检查

序号	步骤	步骤内容	互评
1	检修试运行电梯上下行	写出检查方法：	
2	轿顶检修开关复位，试运行电梯平层并观察轿门层门是否开关正常	写出检查方法：	
3	快车运行检查	写出检查方法：	

四、6S 管理登记

按 6S 管理登记表要求，整理并清洁工具、仪器、物料和工作环境；填写门系统年度维护保养作业检查表并把门系统年度维护保养作业检查表（使用单位联）交给电梯使用单位电梯管理人员签名确认；把工具、仪器和物料归还电梯物料仓管处，并办理归还手续；把门系统年度维护保养作业检查表（电梯维护保养单位联）交给电梯维护保养组长签名确认，并把门系统年度维护保养作业检查表（电梯维护保养单位联）交给技术档案管理部门存档。

6S 管理登记表

序号	项目内容	项目要求	完成情况	互评
1	整理并清洁工具、仪器、物料和工作环境	（1）如数收集工具、仪器并整理放置在工具箱中 （2）整理并收拾物料 （3）清理机房、底坑和相应层站 （4）清洁工作鞋底 （5）收拾安全护栏、警示牌	（1）□完成 　　□未完成 （2）□完成 　　□未完成 （3）□完成 　　□未完成 （4）□完成 　　□未完成 （5）□完成 　　□未完成	
2	电梯管理人员签名维护保养单	（1）电梯管理人员对维护保养质量进行评价 （2）将门系统年度维护保养作业检查表（使用单位联）交给电梯管理人员签名确认 （3）电梯管理人员提出其他服务要求	（1）□完成 　　□未完成 （2）□完成 　　□未完成 （3）□完成 　　□未完成	
3	电梯维护保养组长签名维护保养单	（1）电梯维护保养组长对维护保养质量进行复核 （2）将门系统年度维护保养作业检查表（电梯维护保养单位联）交给电梯管理人员签名确认 （3）电梯维护保养组长提出其他服务要求	（1）□完成 　　□未完成 （2）□完成 　　□未完成 （3）□完成 　　□未完成	
4	归还工具、仪器和物料，将文件存档	（1）将工具、仪器和物料归还，并办理手续 （2）将门系统年度维护保养作业检查表存档 （3）将所借阅资料归还	（1）□完成 　　□未完成 （2）□完成 　　□未完成 （3）□完成 　　□未完成	

互评小结：

学习活动 6 工作总结与评价

 学习目标

1. 每组能派代表展示工作成果，说明本次任务的完成情况，进行分析总结。

2. 能结合任务完成情况，正确规范地撰写工作总结。

3. 能就本次任务中出现的问题提出改进措施。

4. 能对学习与工作进行反思总结，并能与他人开展良好合作，进行有效沟通。

建议学时　2学时

 学习过程

一、个人、小组评价

以小组为单位，选择演示文稿、展板、海报、视频等形式中的一种或几种，向全班展示、汇报工作成果。在展示的过程中，以小组为单位进行评价；评价完成后，根据其他小组对本组展示成果的评价意见进行归纳总结。

汇报思路设计：

其他小组成员的评价意见：

二、教师评价

认真听取教师对本小组展示成果优缺点以及在完成任务过程中出现的亮点和不足的评价意见，并做好记录。

1. 教师对本小组展示成果优点的点评。

2. 教师对本小组展示成果缺点及改进方法的点评。

3. 教师对本小组在整个任务完成过程中出现的亮点和不足的点评。

三、工作过程回顾及总结

1. 在团队学习过程中，项目负责人给你分配了哪些工作任务？你是如何完成的？还有哪些需要改进的地方？

2. 总结完成门系统的维护保养学习任务过程中遇到的问题和困难，列举 2 ～ 3 点你认为比较值得和其他同学分享的工作经验。

3. 回顾学习任务的完成过程，对新学到的专业知识和技能进行归纳与整理，撰写工作总结。

工作总结

评价与分析

　　按照客观、公正和公平的原则，在教师的指导下按自我评价、小组评价和教师评价三种方式对自己或他人在本学习任务中的表现进行综合评价。综合等级按 A（90 ~ 100）、B（75 ~ 89）、C（60 ~ 74）、D（0 ~ 59）四个级别填写在表中。

学习任务综合评价表

考核项目	评价内容	配分（分）	评价分数		
			自我评价	小组评价	教师评价
职业素养	安全防护用品穿戴完备，仪容仪表符合工作要求	5			
	安全意识、责任意识强	6			
	积极参加教学活动，按时完成各项学习任务	6			
	团队合作意识强，善于与人交流和沟通	6			
	自觉遵守劳动纪律，尊敬师长，团结同学	6			
	爱护公物，节约材料，管理现场符合 6S 管理标准	6			
专业能力	专业知识扎实，有较强的自学能力	10			
	操作积极，训练刻苦，具有一定的动手能力	15			
	技能操作规范，遵守检修工艺，工作效率高	10			
工作成果	门系统的维护保养符合工艺规范，检修质量高	20			
	工作总结符合要求	10			
总　分		100			
总评	自我评价 ×20%+ 小组评价 ×20%+ 教师评价 × 60%=	综合等级	教师（签名）：